现代农业技术推广与应用研究

主　编　张玉珍　于素华　王桂军　黄秀娟
　　　　田金欣
副主编　陈迎霞　沙泳君　鞠欣民　贾晓鑫
　　　　马　晋　刘雪磊　王泓霖　曹双双
　　　　张昌胜　张萍萍　郭凌江
编　委　王浩江　刘　金　赵方方　段文彬
　　　　高　飞　宋　硕　种道峰　王　涛
　　　　张公安　王宝栋　庞立峰

哈尔滨出版社
HARBIN PUBLISHING HOUSE

图书在版编目（CIP）数据

现代农业技术推广与应用研究 / 张玉珍等主编 . 哈尔滨 ：哈尔滨出版社，2025. 4. -- ISBN 978-7-5484-8518-6

Ⅰ. S3-33

中国国家版本馆 CIP 数据核字第 20250Y6870 号

书　　名：现代农业技术推广与应用研究

XIANDAI NONGYE JISHU TUIGUANG YU YINGYONG YANJIU

作　　者：张玉珍　于素华　王桂军　黄秀娟　田金欣　主编
责任编辑：韩金华
装帧设计：盛世博睿文化

出版发行：哈尔滨出版社（Harbin Publishing House）
社　　址：哈尔滨市香坊区泰山路 82-9 号　　**邮编：**150090
经　　销：全国新华书店
印　　刷：北京鑫益晖印刷有限公司
网　　址：www. hrbcbs. com
E - mail：hrbcbs@ yeah. net
编辑版权热线：（0451）87900271　87900272

开　　本：787mm×1092mm　1/16　**印张：**12. 5　**字数：**242 千字
版　　次：2025 年 4 月第 1 版
印　　次：2025 年 4 月第 1 次印刷
书　　号：ISBN 978-7-5484-8518-6
定　　价：58. 00 元

编委会成员所属单位

张玉珍　沂水县农村经营管理服务中心
于素华　山东省临沂市沂南县检验检测中心
王桂军　山东省临沂市费县农业综合执法大队
黄秀娟　沂水县龙家圈街道农业综合服务中心
田金欣　沂水县四十里堡镇农业综合服务中心
陈迎霞　沂水县沂城街道办事处农业综合服务中心
沙泳君　沂水县农业技术推广中心
鞠欣民　沂水县农业技术推广中心
贾晓鑫　沂水县农村经营管理服务中心
马　晋　沂水县农业综合执法大队
刘雪磊　沂水县农业技术推广中心
王泓霖　沂水县农业技术推广中心
曹双双　沂水县农村经营管理服务中心
张昌胜　蒙阴县农业农村发展服务中心
张萍萍　沂水县农业技术推广中心
郭凌江　沂水县农业综合服务中心
王浩江　临沂市农业技术推广中心
刘　金　兰陵县下村乡农业和财经服务中心
赵方方　沂水县农村经营管理服务中心
段文彬　沂水县农业技术推广中心
高　飞　临沂市农业技术推广中心
宋　硕　临沂市农业技术推广中心
种道峰　沂水县农业综合执法大队
王　涛　兰陵县农业技术推广中心
张公安　兰陵县农业技术推广中心
王宝栋　沂水县金园苗木家庭农场
庞立峰　沂水县农业综合执法大队

前　　言

21世纪，全球面临着前所未有的挑战与机遇，尤其是在农业领域。随着世界人口的持续增长和城市化进程的加快，人们对粮食安全和农产品质量的要求日益提高。与此同时，气候变化、土地退化、水资源短缺等问题不断加剧，给传统农业生产带来了巨大压力。在此背景下，现代农业技术的发展显得尤为重要。现代农业技术不仅包括作物育种、土壤管理、灌溉系统等传统领域的创新，更涵盖了信息技术、生物技术和机械工程等的深度融合。它们的进步为提高农作物产量、改善农产品品质、保护自然资源提供了新的解决方案。

进一步说，现代社会中科技的飞速发展为农业带来的不仅是技术层面的革新，还推动了农业经营方式和社会结构的变化。农业科技的进步促进了农业生产的智能化和信息化，使得农业不再局限于传统的耕作模式，而是向着知识密集型和技术密集型方向发展。这不仅有助于解决劳动力短缺的问题，也为农村带来了新的发展机遇。同时，政府和社会各界对于农业科技创新的支持力度也在不断增强，各类科研项目、教育培训机构及技术推广服务体系不断涌现，形成了有利于农业科技进步的良好生态环境。这一切积极因素的汇聚，不仅加速了现代农业技术的研发和应用进程，也为解决全球性农业问题提供了强有力的技术支撑和发展动力。在全球共同努力应对气候变化、保障粮食安全的大背景下，现代农业技术无疑将扮演着越来越重要的角色。

本书深入探讨了现代农业技术的推广与应用，旨在为农业领域的研究者、从业者及政策制定者提供全面而深刻的见解。书中首先阐述了现代农业技术的核心内容，包括农业品种改良、生长发育调控、农作物病虫草害防治及无土栽培等关键技术，并强调这些技术对于提高农业生产效率和质量的重要性。其次，详细分析了现代农业技术推广体系的构建与运作模式，讨论了不同经营主体在农业技术推广中的角色与作用。此外，本书还特别关注了农业生态环境保护利用技术，提出了一系列可持续发展策略，以应对当前农业面临的环境挑战。通过对现代化施肥技术、智慧农业技术等新兴领域的探讨，进一步展示了科技创新对现代农业发展的推动作用。最后，本书总结了现代农业技术在种植业、畜牧业及水产养殖业中的应用情况，强调了跨学科合作和技术集成的重要性，为实现农业可持续发展提供了宝贵的参考建议。

目　　录

第一章　现代农业技术

第一节　农业品种的改良技术

一、作物改良的材料基础——种质资源

种质资源是作物改良的核心要素，其中具有特殊价值的种质在达成育种目标和提升育种效率方面发挥着决定性作用。这些独特的种质资源不仅为育种实践提供支持，同时也是开展生物学科研工作不可或缺的实验材料。

(一)种质资源的概念

种质资源，又称遗传资源，涵盖所有携带特定遗传信息并可用于品种改良、种植实践及生命科学研究的生物类型。这类资源构成了生物多样性的关键要素，同时也是支撑人类社会持续发展的基础性物质。种质通常蕴藏于特定生物类群内，包括传统地方品系、现代育成品系、核心遗传材料及野生近缘物种等。在育种科学领域，原始材料、品系资源、遗传物质、基因库等概念与种质资源具有相近的内涵。

系统性地收集、分析和保存多样化的种质资源是决定作物育种成效及实现重大突破的关键要素。我国科研工作者成功发掘了“矮脚南特”“矮仔占”等矮生型种质，并在此基础上培育出“珍珠矮”“广场矮”等系列矮秆籼稻新品种。而“低脚乌尖”籼稻矮源、“农林10号”小麦矮源的发现和利用，进一步推动了世界范围的“绿色革命”浪潮，成了解决世界粮食安全问题的关键。同样，籼稻野败型雄性不育资源的发现、小麦矮败材料的创制及应用，分别奠定了籼稻杂种优势利用和小麦群体改良的基础。因此，种质资源在作物改良中有着十分重要的作用。

有关作物种质资源的类型有多种划分方法。其中，按其利用价值和来源的不同，我们

可将种质资源分为以下四种类型。

1. 本地种质资源

本地种质资源构成了育种研究的原始材料，主要涵盖传统农家品系和现代改良品种。其中，传统农家品系是指在特定地域长期种植演化而成、未经现代育种技术干预且具有显著地域适应性的作物类型。现代改良品种是指那些经过现代育种方法育成的，在当地有较大推广面积的优良品种，它包括本地育成的，也有从外地或国外引种成功的。

2. 外地种质资源

外地种质资源是指从外地或国外引进的作物品种或类型。

这些种质反映了各自原产地的自然和栽培特点，具有不同的生物学、经济学和遗传性状，往往具有本地种质资源所不具有的特殊性状，特别是来自作物起源中心的作物种质，往往反映了该作物的遗传多样性，是改良本地品种的主要材料。

3. 野生种质资源

野生种质资源主要包含作物的近缘野生种及具有潜在利用价值的野生植物群体。这些资源在特定生态环境中经过长期自然演化而形成，通常具备栽培品种所缺乏的独特遗传特性，如对病毒病的抗性，对逆境的高度适应性和独特的品质等。野生种质资源的成功利用能在作物育种中取得重大突破，如我国水稻野败型细胞质雄性不育系的成功选育就是一例。

4. 人工创造的种质资源

人工创造的种质资源是指在自然界原有种质资源的基础上，通过人工杂交、理化诱变和基因工程等途径创造的各种植物突变体或中间材料。这些人工创造的新种质在丰富作物育种基因库的同时，也往往携带有一些特殊的遗传因子，对新品种培育和作物科学研究产生深远影响。

(二)种质资源工作

种质资源的收集与保存是种质资源工作的重要环节。

1. 种质资源的收集

种质资源的收集包括野外考察收集、种质资源机构或育种单位间交换和群众性征集等方法，而考察收集是最直接和最基本的途径。野外考察收集主要集中于作物的起源中心和栽培历史悠久的生产区，主要目的在于充分保留该作物的遗传多样性和抢救其中的濒危物种。

2. 种质资源的保存

对于获取的种质资源，我们需系统记录其品系名称、原产地生态环境、来源信息及生物学特征等数据，并进行科学分类和建档，以便后续检索使用。

种质资源的保存技术是指通过人工或自然适宜条件来维持样本的遗传完整性，其核心目标是确保样本的数量规模，维持其生命活力及遗传特性，为后续研究和应用提供保障。主要保存方式包括以下几种类型。

(1)种植保存

隔一定时间(如1~5年)播种种质资源的种子(或无性繁殖)一次即种植保存。种植保存一般可分为原地种植保存和异地种植保存。前者是指种质资源在其原生境继续生长，保持其遗传变异和进化，如建立各种自然保护区等。异地种植保存是指将种质资源保存在植物园、种质圃中，并尽可能地与原产地的种植条件相一致，以减少生态环境改变、人为差错、天然杂交、世代交替等而造成的生物学混杂现象的发生，如不同类型的种质库等。

(2)贮藏保存

贮藏保存是将含水量低于安全水分的健全作物种子放在密闭容器中，存放在适当的低温、干燥和低氧的贮藏库中，长期保存种质资源的方法。该技术的科学依据在于：通过低温、低湿和低氧环境抑制种子的生理代谢活动，从而延缓其衰老进程。目前，这一保存方式已被全球广泛采用，成为遗传资源保存的标准方法。根据保存期限的不同，贮藏设施可分为三类：短期保存设施(维持20℃恒温、45%相对湿度，保存期限2~5年)；中期保存设施(保持4℃恒温、45%相对湿度，保存期限25年)；长期保存设施(控制在-10℃恒温、30%相对湿度，保存期限可达75年)。

(3)离体保存

基于植物细胞全能性理论，通过体外培养技术保存植物组织或细胞培养物的方法被称为离体保存。这一技术有效解决了难储存种子、水生植物及无性繁殖作物种质的保存难题。用于离体保存的植物材料涵盖愈伤组织、悬浮细胞、幼芽、幼胚、花粉、体细胞、原生质体等多种类型。

二、作物的遗传改良

(一)作物品种的概念与类型

1. 作物品种的概念

作物品种是人类在一定的生态和经济条件下，根据自己的需要而创造的某种作物的一种群体。作物品种不同于植物分类学上的变种、亚种。它是人工进化、人工选择的产物，是重要的农业生产资料，它在农业生产的特定时期，在其所适应的地理范围和耕作栽培条件下，发挥其丰产性、抗逆性和优质性等特性。所以，优良品种一般都具有地域性、群体性和时效性等特点。如果不符合生产上的要求，没有直接的利用价值，它不能作为农业生产资料，也就不能作为品种。

作物品种应在一个或多个性状上具有区别于同一作物其他品种的特异性，在生物学、形态学尤其是在农艺性状和经济性状上有相对的一致性，在遗传学上有相对的稳定性。这是对作物品种的三个基本要求，简称“DUS”。而基于品种这三个特性基础上的DUS测试，是植物新品种保护的技术基础和品种授权的科学依据。

2. 作物品种的类型

(1)自交系品种

自交系品种又称纯系品种，是指生产上利用的遗传基础相同、基因型纯合的植株群体，是由杂合或突变基因型经多代连续自交选择育成的同质纯合群体。严格来讲，它们是来自一个优良纯合基因型的后代，是基因型高度纯合与优良性状相结合的群体。从遗传学角度而言，纯系品种的理论亲本系数通常高于0.87，即群体中携带亲本纯合基因型的个体比例不低于87%。在农作物中，诸如水稻、小麦、大麦、大豆、花生等自花授粉作物的栽培品种多属于此类纯系品种。异花授粉作物和常异花授粉作物由于它们的授粉习性和基因型的杂合性，经多代强迫自交(或兄妹交)而得到的纯系(如玉米的自交系)在作为杂交种的亲本时，亦属于纯系品种范畴。

(2)杂交种品种

杂交种品种是通过精心选配强优势亲本组合并在严格授粉控制条件下产生的杂交一代(F_1)群体。这类品种因个体具有高度杂合的基因型，而群体保持相对一致的遗传特征，从而展现出显著的杂种优势和优异的生产性能。杂交种品种不能稳定遗传，F_2代将发生基因分离，杂合度下降，性状整齐度降低，导致产量下降。所以，生产上一般不利用F_2代。

在异花授粉作物(如玉米)的杂种优势利用中，我们主要采用品种间杂交和自交系间杂交两种方式。杂交种类型涵盖顶交种、单交种、三交种及双交种等多种形式。对于自花授粉和常异花授粉作物，其杂种优势利用主要依赖于雄性不育系与优良恢复系的杂交组合。过去我们主要在异花授粉作物中利用杂交种品种，现在随着雄性不育系在多种作物中的先后发现及成功转育，有效解决了自花授粉作物去雄和制种的技术难题，使得这类作物也能充分利用杂种优势。我国在水稻和油菜的杂种优势利用研究领域已达到国际领先水平。

(3)群体品种

群体品种的遗传基础比较复杂，群体内个体间植株基因型有一定程度的杂合性和(或)异质性。根据作物种类和组成方式不同，群体品种可分为以下四种类型：

1)自花授粉作物的杂交合成群体

此类群体是用自花授粉作物的两个以上自交系品种杂交后，在特定的环境条件下，进行繁殖、分离和自然选择，逐渐形成的一个较为稳定的群体。实际上经过若干代以后，最后形成的杂交合成群体是一个由多种纯合基因型组成的混合群体，该类型品种的抗病虫害能力较纯系品种强。如哈兰德大麦和麦芒拉利马豆均为由纯系材料杂交而成的群体品种。

2）自花授粉作物的多系品种

通过将自花授粉作物的多个近等基因系种子混合繁殖而形成。由于这些近等基因系具有相似的遗传基础，仅在少数性状上存在差异，因此多系品种在主要性状上表现出高度一致性，仅在特定性状上呈现多样性。此类品种主要用于抗病育种中。

3）异花授粉作物的自由授粉品种

异花授粉作物品种在生产、繁殖过程中，品种内植株间随机授粉，同时也会和邻近的另一品种授粉。因此，群体中存在来自杂交、自交和姊妹交所产生的后代，个体植株的基因型是杂合的，群体的基因型是异质的，但保持着一些本品种的主要特性，可以区别于其他品种。如玉米、黑麦等异花授粉作物的多数地方品种均属于自由授粉品种。此类品种又叫开放授粉品种。

4）异花授粉作物的综合品种

由一组异花授粉作物的多个交自系在隔离区内，经随机授粉而组成的遗传平衡群体。此类群体表现为：群体内个体基因型杂合，群体的基因型异质。群体品种育种的基本目的是创建和保持广泛的遗传基础和基因型多样性。

（4）无性系品种

通过单一无性系进行营养繁殖获得的品种，其基因型完全取决于母本，表现型与母本保持一致。如多数薯类作物属于无性系品种。此外，通过专性无融合生殖（如孤雌生殖或孤雄生殖）方式产生的种子繁殖后代，同样归属于无性系品种范畴。

（二）作物遗传改良的任务

作物遗传改良是指通过对植物遗传特性进行有目的的改良，使之更加符合人类生产、发展和生活的需要，也称为作物品种改良或作物育种。[①] 在原始农业时期，在人类对野生植物进行驯化并使之成为栽培作物的过程中，遗传改良就已经初步显示出作用。而随着社会的进步和人类对自然规律的掌握，人们还通过人工合成途径创造作物新类型，丰富了作物种类，使作物品种的产量、品质、抗逆性和生态适应性得到了大幅提高。

现有的各种农作物都是从野生植物演变而来，这种自然的演变过程称为进化。进化是自然变异和自然选择的结果。而对动植物品种的改良则是人们根据生产的需要，人工创造变异和选择变异的结果，其中包括有意识地利用自然变异和自然选择的作用。自然选择有

---

① 梁龙．农业产业生态评价［M］．北京：中国农业大学出版社，2024.

利于个体生存和繁殖后代的变异，以及形成新物种、亚种、变种和生态型。人工选择决定作物品种选育的进程和方向。因此，作物遗传改良的任务就是适当利用自然进化和人工进化，创造、选育和繁殖新的作物品种。随着农业生产水平和遗传改良技术的提高，作物遗传改良的方法基本上可划分为传统遗传改良技术和现代遗传改良技术。

第二节　生长发育调控技术

一、人工调控技术

(一) 镇压

农业生产中的镇压包括土壤镇压和苗期镇压。苗期镇压又称压青苗，多用于小麦、谷子、高粱、糜子等作物的苗期。植株经镇压后，地上部分受到机械损伤，生长迟缓，生长锥伸长减慢，基部节间变粗变短；而地下部根系则得以充分发展，次生根数目增加，从而提高抗倒伏的能力。实际操作的时间和方法因不同作物的特性、苗期长势、土壤等情况而异。例如，小麦可在分蘖期前后、越冬期和拔节期进行镇压，冬季旺长的麦田宜多压、重压，弱麦宜少压、轻压或不压。土壤过湿的田块和盐碱土不宜压麦。谷子田常在谷苗 2~3 叶期镇压，起蹲苗作用。

(二) 深中耕

在许多旱地作物生长前期，若苗势过旺，我们则可利用一定的器械在行间或株间深耕土壤，切断部分根系，减少水分和养分的吸收，从而减缓茎叶生长，达到控制旺长的目的。例如，小麦在群体总茎数达到合理指标时，适当深耕断根，可抑制高位分蘖潜伏芽的萌发，促使小分蘖衰亡，使主茎和大蘖生长茁壮，有利壮秆防倒。对于有旺长趋势的棉田，我们也常在蕾期进行深中耕以控制棉株生长，中耕深度达 13cm 以上。

(三) 晒田

晒田，又称烤田、搁田，是水稻生产上所特有的控促结合措施，一般在分蘖末期至拔节初期进行。当田间水稻有效茎蘖数达到预期的穗数时，通过排水晒田，改善土壤的通透性，促进根系发育，使基部节间短粗充实，抑制无效分蘖和地上部徒长。一般来说，长势猛、蘖数多的应早晒重晒，相反可轻晒或不晒，盐碱地一般不宜晒田。

(四)打(割)叶

在封行过早、群体郁闭的严重旺长田，可人工去掉一部分叶片，减少叶片的消耗，改善田间通风透光条件，这样有利于生殖器官的生长发育。禾谷类作物如小麦和水稻出现过分旺长时，将上部叶片割去一部分，可控制徒长，有利防倒；玉米在保留“棒三叶”的情况下可去除基部脚叶。无限花序作物如棉花、油菜、豆类等出现茎叶旺长时，可人工摘去中基部的老叶，以缓解营养器官和生殖器官争夺养分的矛盾，改善植株的通风透光条件，有利花蕾的发育。番茄、茄子、菜豆等蔬菜也常于生长后期将下部老叶摘去，以利通风，减少病虫害蔓延。

(五)打顶

打顶，又称摘心、掐尖。在无限花序类作物的生长阶段，进行打顶操作去除主茎顶端，能够打破顶端优势，优化植株内养分的分配格局，进而改善株型结构，减少无效的分枝与叶片数量，最终达到提升作物产量和品质的效果。打顶一般适用于正常和旺长田块，长势差的田块可不必打顶。打顶时期，高密度棉花、蚕豆宜在初花期，大豆宜在盛花期。棉花除打顶外，长势旺的棉田果枝顶端也应摘除(打边心)。烟草生产上也需在现蕾期打顶，即当花蕾出现长约2cm，将花梗连同附着的几片小叶摘去，打顶后结合多次抹杈(抹去腋芽)，可减少营养物质消耗，提高烟叶产量和品质。在玉米抽雄初期，适时进行隔行去雄操作，可有效促进果穗的生长，表现为穗长和穗重的增加，同时双穗率显著提升。此外，植株高度相对降低，田间通风透光条件得到优化，籽粒更加饱满，显著提高玉米的产量。

(六)整枝

整枝主要指去除无效枝、芽，人工塑造良好株型，改善群体结构，减少物质消耗。这在许多作物上均有应用。在棉花生长旺盛阶段，通常在棉株现蕾之后，我们需及时清除第一果枝以下的叶枝幼芽。进入盛花后期，我们应去除空果枝并抹掉赘芽，以此优化田间通风透光条件，引导养分集中供给结铃果枝。部分玉米、高粱或向日葵品种具有分枝(蘖)特性，一旦分枝形成，就会分散养分，阻碍主茎的正常发育，因此我们需要及时将其去除。大豆、蚕豆等豆类作物摘除无效枝、芽，可减少落花落果，有利增产。

(七)提蔓与压蔓

甘薯在茎叶发生徒长时，由于茎蔓生长速度快而数量多，不定根大量发生，要消耗大量养料，因此影响薯块的生长。提蔓伤断蔓根，能够有效减少茎叶对水分和养分的吸收，从而抑制茎叶的过度生长，推动薯块的快速膨大。对于瓜类等匍匐生长的作物，压蔓处理可以引导茎蔓有序生长，便于田间管理，同时优化植株的光照条件，促进果实发育，并且有助于不定根的形成，增强植株对养分的吸收能力。

二、化学调控技术

(一)化学调控的原理

化学调控的核心在于借助植物激素及人工合成的植物生长调节剂来干预作物的生长发育过程，进而实现人们设定的目标。植物激素是植物体内自行合成的微量有机物质，它们能在植物体内从合成部位运输到其他部位，并对植物的生长发育产生显著影响。而植物生长调节剂则是人工合成的、具有类似植物激素活性的化合物。

(二)激素的种类

1. 生长素

生长素是最早被发现的植物激素。它在植物体内的含量非常低，通常每克鲜重仅含10~100ng。生长素广泛分布于植物的各个器官，但其浓度在生长旺盛的区域更高，例如正在伸长的茎尖和根尖、正在展开的叶片、胚、幼嫩的果实和种子，以及禾谷类的居间分生组织等。相比之下，衰老的组织或器官中生长素的含量则显著减少。生长素在植物体内的运输具有独特的极性特征，即它只能从植物的形态学上端向形态学下端运输，而不能反向运输，这种现象被称为生长素的极性运输。其他植物激素则不具备这种极性运输的特点。

生长素在植物生长发育过程中发挥着多重调控功能，其功能涵盖细胞的分裂、伸长与分化，以及营养器官和生殖器官的生长、成熟和衰老等环节。此外，它还能刺激插条不定根的发育，诱导菠萝开花，形成顶端优势(表现为主芽对侧芽生长的抑制作用)，促进雌花分化(尽管效果弱于乙烯)，推动形成层细胞向木质部细胞分化，增强光合产物的运输，促进叶片扩展和气孔开放，调节营养物质分配，延缓花朵脱落和叶片衰老，并抑制块根形成等生理过程。

2. 赤霉素

赤霉素是一类以赤霉烷为基本骨架、能够促进细胞分裂和伸长的化合物。这类物质种类繁多，广泛存在于植物界，包括被子植物、裸子植物、蕨类植物、褐藻、绿藻、真菌和细菌中均有发现。在植物体内，赤霉素的运输没有极性，可以进行双向运输。具体而言，根尖合成的赤霉素通过木质部向上输送，而叶原基产生的赤霉素则通过韧皮部向下输送。

赤霉素可显著促进茎的伸长，诱导开花，打破植物休眠状态，促进雄花分化，调节养分运输，促进部分植物的坐果和单性结实，同时能延缓叶片衰老。在湿热气候条件下，对喜温凉的三色堇施用 GA_3 并配合磷钾肥，可使三色堇的盛花期提前，观赏期延长，且其整体观赏品质显著提升。

3. 细胞分裂素

细胞分裂素是一类能够促进细胞分裂和分化的植物激素。在高等植物中，我们已鉴定出 10 多种内源细胞分裂素，其中玉米素的活性最为显著。目前，市场上工业合成的细胞分裂素种类繁多，其中 6-苄氨基嘌呤和激动素是应用较为广泛的两种。6-苄氨基嘌呤的纯品呈现为针状结晶，难溶于水，但在碱性或酸性溶液中可以溶解。激动素的纯品为白色固体，不溶于水，不过它能够溶解于碱或酸的溶液中。

细胞分裂素的核心生理作用：其一，能够推动细胞分裂并调节细胞分化。在植物组织培养过程中，细胞分裂素与生长素的浓度比值对植物器官的分化具有显著影响——当该比值较高时，有利于芽的分化；而比值较低时，则更利于根的分化。其二，细胞分裂素可以有效延缓蛋白质和叶绿素的降解过程，从而起到延迟植物衰老的作用。

4. 脱落酸

脱落酸广泛分布于所有维管植物，涵盖被子植物、裸子植物及蕨类植物。在高等植物的各个器官和组织中，脱落酸均有存在，尤其在即将脱落或处于休眠状态的部位含量较高。在逆境条件下，脱落酸的含量会急剧上升。

其生理功能主要体现在以下几个方面：诱导植物进入休眠状态；促使气孔关闭；抑制植物生长；促进器官脱落；增强植物的抗逆能力。

5. 乙烯

在高等植物中，乙烯的生成是普遍现象，其释放量因组织、器官类型及发育阶段而异。通常，成熟组织的乙烯释放量较低，而分生组织、种子萌发阶段、花朵凋谢初期及果实成熟期是乙烯释放的高峰期。

乙烯的生理功能主要包括促进果实成熟、诱导器官脱落、加速植物衰老及调控生长过程。

6. 油菜素甾醇类

油菜素内酯，简称“油菜素”，是一种从油菜花粉中提取的具有显著生理活性的物质。它是目前在植物界发现的唯一与动物激素结构相似的植物内源甾体类活性物质。目前我们已鉴定出 60 多种，统称为油菜素甾醇类。这类物质广泛分布于植物的花粉、叶片、果实、种子、枝条等部位，甚至在藻类植物中也有发现。

油菜素甾醇类物质具有增强植物抗逆性的功能，可提升植物对冷害、冻害、病害、除草剂及盐害等的耐受能力。这类物质能够调节植物体内多种激素的平衡状态，改变组织细胞化学成分组成，激活酶系统活性，调控基因表达过程。同时，它们还能促进核酸和蛋白质的生物合成，加速细胞分裂与生长进程，提高植物生长发育速度。此外，这类物质还参与光信号传导途径，影响光周期反应，最终实现提高作物产量、增强种子活力、降低果实脱落率等效应。

7. 水杨酸类

水杨酸作为一种天然酚类化合物，广泛存在于植物体内，尤其在植物的花序及受到坏死性病原体感染的植物中含量较高。

其主要生理功能包括促进植物生根、抑制乙烯的合成、延缓果实成熟和衰老、调节部分植物的光周期、诱导开花、调控种子萌发和气孔关闭，以及增强植物的抗病能力等。目前，水杨酸已在果实保鲜、延长水果货架期及提升植物抗病性等领域得到了广泛应用。

8. 茉莉酸类

茉莉酸在植物界普遍存在，其在植物组织中的含量会因器官功能、细胞类型、发育阶段及对环境刺激的反应而有所不同。通常情况下，花和果实等生殖器官，尤其是未成熟果皮中的含量最高，而茎端、根尖和幼叶中含量也较高，相比之下，根和成熟叶片中的含量则明显较低。

茉莉酸与脱落酸在多个生理功能上表现出相似性，例如抑制植物生长、抑制种子和花粉的萌发、促进器官的衰老和脱落、诱导气孔关闭、促进乙烯的生成及增强植物的抗逆能力等。

9. 多胺

多胺是一组进化上高度保守的小分子质量含氮脂肪碱，广泛存在于原核生物和真核生物中。在高等植物细胞中，多胺以阳离子形式存在，能够与 DNA、RNA 等结合，进而推动细胞分裂和植物生长。此外，多胺还参与促进植物体细胞胚的形成、不定芽的发生、根的发育、子房和果实的成熟、花原基的形成、花芽分化及块茎的形成等过程。① 多胺还能抑制乙烯的合成，延缓离体叶片及果实的衰老。另外，多胺还参与植物的胁迫反应。

(三)植物生长调节剂的分类及其在生产上的应用

1. 植物生长调节剂的分类

(1)生理型调节剂

生理型调节剂可分为生理延缓型调节剂及生理促进型调节剂。生理延缓型调节剂使用较多的是壮苗素、缩节胺等，对作物节间伸长具有抑制作用。施用这类调节剂后，作物从

---

① 高凤芹，韩莹，李美娟．现代农业经济发展及农业产业化发展探究[M]．北京：中国书籍出版社，2024.

外观上表现为节间缩短，叶色变深，根系发达，抗性提高，花蕾脱落减少，可提早成熟，增加产量，提高品质。生理促进型调节剂主要有赤霉素和生根粉等。赤霉素可促进酶的合成，调节生长素的水平来促进已有节间的伸长，减少花蕾脱落，增加花蕾坐果率。生根粉浸种可促进作物出苗，提高出苗率，并促进形成发达强壮的根系。

(2)脱叶催熟剂

在脱叶催熟剂中，乙烯利是应用较为广泛的一种。对于棉花而言，乙烯利的催熟效果主要源于其释放的乙烯能够增强氧化酶的活性，进而促进纤维素酶的合成，加快纤维素的合成速率，从而提升纤维的品质。同时，作物叶片在乙烯的作用下，5d 可干枯脱落。另外，乙烯也有抑制作物的茎枝伸长，促进开花的作用。

2. 植物生长调节剂在生产上的应用

(1)在棉花生产上的应用

在棉花生产中，使用最为广泛的生长调节剂是缩节胺，其化学名称为 N，N-二甲基哌啶氯化钠，通常呈现为白色或淡黄色的晶体或粉末，具有良好的水溶性，毒性极低，有效成分含量超过 96%。

缩节胺的作用机制在于抑制棉花体内赤霉素的合成，进而改变植物体内激素的平衡状态，达到新的稳态，从而调控棉花的生长发育。其主要功能包括：

第一，调控棉花节间的伸长，塑造理想的株型。

第二，促进根系的生长发育，提升根系对矿物质养分的吸收效率。

第三，调节棉叶发育及功能，使叶面积变小，叶片变厚，增加叶绿素含量，提高叶片光效率。

第四，促进蕾、花、铃的发育，提高棉铃质量。

使用技术：缩节胺施用受气候、水分、营养、生育阶段、品种、生长势等多种因素的影响。因此，在不同地区、品种、生长阶段的棉花长势不同，施用效果具有很大差异。

(2)在玉米生产上的应用

在玉米生产上主要是喷施健壮素，一般可使植株矮化 15~20cm，穗位降低 15~18cm，使每公顷种植密度增加 15000~22500 株，增产 10%~30%。施用方法：

第一，每公顷用玉米健壮素 150g 兑水 225~300kg，在玉米大喇叭口末期，即抽雄前 7d 左右，均匀地喷洒在植株上部叶片上。

第二，喷施时间不宜过早，否则可能会抑制植株的正常生长，进而影响产量；若喷施过晚，则无法达到预期效果。

第三，药液应现配现用，不宜长时间存放，且不可与农药或化肥混用，以免降低药效。

第四，若喷洒后 6 小时内遇雨，需重新喷施一次，但第二次喷施时药量应减半。

第五，使用时药液不能与皮肤及衣物接触。

(3)在小麦生产上的应用

采用植物生长调节剂对小麦进行化学调控，是实现小麦优质高产的重要手段之一。以下是几种常用生长调节剂及其在小麦生产上的应用技术：

第一，多效唑：多效唑能够有效抑制小麦的过度生长，矮化株型，从而提高小麦产量约10%。使用方法：每公顷用15%多效唑可湿性粉剂750g，加水750kg稀释，配成浓度为150mg/kg的溶液，在小麦拔节期进行均匀喷雾，确保喷施均匀，避免重复或遗漏。

第二，矮壮素：矮壮素对小麦的防倒伏效果显著。使用方法是：在小麦拔节期，连续喷洒两次0.3%矮壮素溶液，每次间隔约10天，每次每公顷喷施液体量约为750kg。

第三，缩节胺：在小麦拔节期使用可控制旺长，促进壮苗，防止倒伏；在扬花期使用能提高结实率，加快灌浆速度，使小麦穗大粒多，提前成熟2~3天。使用方法：起身期每公顷用缩节胺粉剂52.5~75.0g，兑水600kg稀释后喷施。扬花期每公顷用缩节胺30.0~37.5g，兑水600~750kg稀释后，再加磷酸二氢钾2.25kg，混合后喷洒于植株中上部。

第三节　农作物病虫草害及其防治技术

一、作物病害及其防治

防治病害的途径很多，有植物检疫、农业防治、生物防治、物理防治和化学防治等。各种病害防治途径和方法均通过减少初始菌量、降低流行速度或者同时作用于两者以阻滞病害的流行。

(一)植物检疫

植物检疫是贯彻预防为主、综合防治、杜绝危险性病原物的输入和输出方针的一项重要防治措施；根据病害危险性、发生局部性、人为传播这三个条件制定国内和国外的检疫对象名单以实行检疫。

(二)农业防治

农业防治通过优化耕作与栽培技术，调整病原体、宿主及环境三者之间的相互作用，营造出适宜作物生长且抑制病害发生的生态条件，从而有效控制病害的发生与蔓延。

1. 使用无病繁殖材料

建立无病留种田或无病繁殖区，并与一般生产田隔离；对种子进行检验，处理带病种子，去除混杂的菌核、菌瘿、虫瘿、病原作物残体等。如热力消毒(如温汤浸种)或杀菌剂处理等。

2. 建立合理的种植制度

合理的轮作、间作、套作，在改善土壤肥力和土壤的理化性质的同时，可减少病原物的存活率，切断病害循环。如稻棉、稻麦等水旱轮作可以减少多种有害生物的危害，这也是进行小麦吸浆虫、地下害虫和棉花枯萎病防治的有效措施之一。

3. 加强栽培管理

通过科学安排播种时间、播种深度和种植密度，合理调控肥水供应及温度、湿度、光照和气体成分等环境因素，我们能够营造出有利于寄主植物健康生长，同时抑制病原菌侵染和发病的环境，从而降低病害的发生率。例如，早稻播种过早会导致烂秧现象；水稻种植密度过高则易引发纹枯病；氮肥施用过量会加重稻瘟病和白叶枯病的发生，而氮肥不足则可能导致胡麻斑病的出现。此外，采取深耕灭茬、拔除病株、清除发病中心和田间病残体等措施，可减少病原物的接种体数量，有效控制病害的发生和扩散。

4. 选育和利用抗病品种

培育和推广抗病品种是防控作物病害的一种经济、高效且安全的策略。例如，我国通过广泛种植抗病品种，成功控制了小麦秆锈病和条锈病、玉米大斑病和小斑病及马铃薯晚疫病等病害。对于一些难以通过其他手段防治的病害，如土壤传播病害和病毒病，选育和利用抗病品种往往是唯一有效的防控方法。

(三)生物防治

生物防治主要是指利用微生物间的拮抗作用、寄生作用、交互保护作用等防治病害的方法。

1. 拮抗作用

当一种生物通过产生特殊代谢产物或改变环境条件来抑制或消灭另一种生物时，这种现象被称为拮抗作用。将人工培养的具有抗生作用的抗生菌施入土壤(如5406抗生菌肥)，改变土壤微生物的群落组成，增强抗生菌的优势，则有防病增产的效果。

2. 重寄生作用和捕食作用

许多微生物对植物病原物具有重寄生作用，例如噬菌体对细菌的寄生、病毒和细菌对真菌的寄生、真菌对线虫的寄生及真菌间的重复寄生等。此外，一些原生动物和线虫能够捕食真菌的菌丝和孢子及细菌，而某些真菌也能捕食线虫，这些均为生物防治的有效途径。

3. 交互保护作用

通过在寄主植物上接种与其亲缘关系较近但致病性较弱的菌株，我们可以有效防止寄主被致病性强的病原物侵染，这种方法主要用于植物病毒病的防控。

(四)物理防治

物理防治通过采用热力、冷冻、干燥、电磁波、超声波、核辐射、激光等物理手段，对病原物进行抑制、钝化或杀灭，从而实现病害的防控。这种方法常用于种子、无性繁殖材料及土壤的处理。

1. 汰除法

汰除是将有病的种子和与种子混杂在一起的病原物清除掉。汰除的方法中，比重法是最常用的，如盐水选种或泥水选种，把密度较轻的病种和秕粒汰除干净。

2. 热力处理

利用热力(热水或热气)消毒来防治病害，如利用一定温度的热水杀死病原物，可获得无病毒的繁殖材料。土壤的蒸汽消毒常用80~95℃蒸汽处理30~60min，绝大部分的病原物可被杀死。

3. 地面覆盖

在地面覆盖杂草、沙土或塑料薄膜等，可阻止病原物传播和侵染，控制作物病害。

4. 高脂膜防病

将高脂膜兑水稀释后喷到作物体表，其表面形成一层很薄的膜层，该膜允许 O_2 和 CO_2 通过，真菌芽管可以穿过和侵入作物体，但病原物在作物组织内不能扩展，从而控制病害。高脂膜稀释后还可喷洒在土壤表面，从而达到控制土壤中的病原物、减少发病概率的效果。

(五)化学防治

用于防治作物病害的农药通称为杀菌剂，包括杀真菌剂、杀细菌剂、杀病毒剂和杀线虫剂。杀菌剂是一类能够杀死病原生物，抑制其侵染、生长和繁殖，或提高作物抗病性的农药，包括无机杀菌剂(如铜制剂、硫制剂等)，有机杀菌剂(如有机硫杀菌剂、有机砷杀菌剂、有机磷杀菌剂、取代苯类杀菌剂、有机杂环类杀菌剂、抗生素类杀菌剂等)。农药具备高效、速效、使用便捷及经济效益显著等优势，然而要充分发挥其作用，避免环境污染和农药残留，必须合理选择农药的种类与剂型，并在合适的时机采用恰当的施药方式。①

此外，向健康作物中引入化学药剂或特定微量元素，能够增强作物对病原体的抗性，进而抑制或阻止病原体的侵染。有些金属盐、植物生长素、氨基酸、维生素和抗生素等进入作物体内以后，能影响病毒的生物学习性，起到钝化病毒的作用，降低其繁殖和侵染力，从而减轻其危害。

二、作物虫害及其防治

作物中几乎没有一种不遭受害虫危害的，而且一种作物常同时受多种害虫危害。由有害昆虫蛀食引起的各种作物伤害称为虫害。此外，农产品收获后在贮藏、加工期间也会受到多种害虫侵害，如我国记载的贮粮害虫有 100 余种。为确保作物产量和品质，我们需要对作物虫害进行有效防治。②

（一）植物检疫

由国家颁布法令，对局部地区非普遍性发生的、能给农业生产造成巨大损失的、可通过人为因素进行远距离传播的病、虫、草，实行植物检疫制度，特别是对种子、苗木、接穗等繁殖材料进行检疫管理，防止危险性病虫害通过植物及其产品从国外传入或从国内传出。同时，对国内局部地区已发生的危险性病虫害和杂草进行封锁，防止其扩散蔓延，并在发生地彻底消灭。

（二）农业防治

农业防治是通过整合农事操作中的各项具体措施，有意识地营造出有利于农作物生长发育，同时不利于害虫滋生的农田生态环境，从而抑制害虫的繁殖，降低其存活率。

1. 选用抗虫或耐虫品种

利用作物的耐虫性和抗虫性等防御特性，培育和推广抗虫品种，发挥其自身因素对害虫的调控作用。如一些玉米品种由于含有抗螟素，故能抗玉米螟的危害。

2. 建立合理的耕作制度

通过科学规划农作物的种植布局，能够有效切断害虫的食物链，使其在某一阶段因缺乏寄主或适宜的营养条件而减少发生。例如，轮作、间作、套作等种植方式可以恶化单食性或寡食性害虫的生存环境，稻麦轮作可有效抑制地下害虫和小麦吸浆虫的危害。此外，

① 王光娟，刘彦昌，张红．农业现代化和农业经济可持续发展研究[M]．北京：中国商务出版社，2024.

② 阎雄飞．农业昆虫及其常见害虫防治研究[M]．北京：中国原子能出版社，2019.

合理的种植布局还能为天敌创造良好的栖息和繁衍条件，增加作物和害虫的多样性，从而实现以害虫繁衍益虫、以益虫控制害虫的生态平衡。

3. 加强栽培管理

合理播种（播种期、种植密度）、合理修剪、科学管理肥水、中耕等栽培管理措施可直接杀灭或抑制害虫危害。如三化螟在水稻分蘖期和孕穗期最易入侵，拔节期和抽穗期是相对安全期，通过调节播栽期，使蚁螟孵化高峰期与易受害的生育期错开，可有效避开螟害并减轻损害。利用棉铃虫的产卵习性，在棉花整枝时去除顶心和边心，可消灭虫卵和初孵幼虫。此外，早春灌水可淹死在稻桩中越冬的三化螟老熟幼虫，冬耕或中耕则能降低在土中化蛹或越冬的害虫数量。同时，清洁田园，及时清除枯枝、落叶和落果，可消灭潜藏的多种害虫。

4. 改变害虫生态环境

改变害虫生态环境是控制和消灭害虫的有效措施。我国东亚飞蝗发生严重的地区，通过兴修水利、稳定水位、开垦荒地、扩种水稻等措施，改变了蝗虫发生的环境条件，使蝗患得到控制。在稻飞虱发生期，结合水稻栽培技术要求，进行排水晒田，降低田间湿度，在一定程度上可减轻发生量。

（三）化学防治

化学防治是目前国内外应用最广泛的害虫防治方法，在未来相当长的时期内，它仍将在害虫综合管理中占据重要地位。化学防治具有快速杀虫、效果显著、使用便捷、不受地域和季节限制等优点，适合于大规模机械化操作。

常用的无机杀虫剂包括砷酸钙、砷酸铝、亚砷酸和氟化钠等。有机杀虫剂分为植物源（如鱼藤、除虫菊、烟草等）和矿物源（如矿物油等）两类，分别源于天然植物和矿物资源。

目前，人工合成的有机杀虫剂种类繁多，根据作用方式可分为触杀剂、胃毒剂、内吸剂、熏蒸剂、忌避剂、拒食剂、引诱剂、不育剂和生长调节剂等。

1. 触杀剂

触杀剂是指药剂与虫体接触后，通过穿透作用经体壁进入或封闭昆虫的气门，使昆虫中毒或窒息死亡的一种杀虫剂。触杀剂是接触到昆虫后便可起到毒杀作用的一种杀虫剂，如拟除虫菊酯、氨基甲酸酯等。现在生产的有机合成杀虫剂大多数是触杀剂或兼胃毒杀作用。

2. 胃毒剂

胃毒剂是一种杀虫剂，其作用机制是通过昆虫取食进入其肠道，随后被吸收进入体内，最终到达作用靶点，导致昆虫中毒死亡。砷酸铅和砷酸钙是典型的胃毒剂。

3. 内吸剂

内吸剂是指农药施到作物上或施于土壤里，被作物体(包括根、茎、叶及种、苗等)吸收，并可传导运输到其他部位，害虫(主要是刺吸式口器害虫)取食后引起中毒死亡的一种杀虫剂。实际上内吸性杀虫剂的作用方式也是胃毒作用，但内吸作用强调该类药剂具有被作物吸收并在体内传导的性能，因而在使用方法上，可以明显不同于其他药剂，如根施、涂茎等。

4. 熏蒸剂

熏蒸剂是一种通过挥发作用将药剂从液态或固态转变为气态的杀虫剂。它以气体形式通过害虫的呼吸系统进入其体内，进而导致害虫中毒死亡。如氯化苦、溴甲烷等。

5. 忌避剂

忌避剂是一类通过其物理或化学特性(例如颜色、气味等)使害虫产生回避行为或促使其转移、逃离的非致死性保护性农药。例如，苯甲酸苄酯对恙螨具有忌避效果，而苯甲醛对蜜蜂也有类似的忌避作用。

6. 拒食剂

拒食剂是一种特殊的杀虫剂，其作用机制是通过影响昆虫的味觉系统，使昆虫产生厌食或拒食行为。昆虫因无法摄取足够的食物，最终可能因饥饿、失水而逐渐死亡，或者因营养不足而无法正常发育。常见的拒食剂包括杀虫脒和拒食胺等。

7. 引诱剂

引诱剂是指依靠其物理、化学作用(如光、颜色、气味等)将害虫诱聚而利于歼灭的一种杀虫剂。具有引诱作用的化合物一般与毒剂或其他物理性捕获措施配合使用，杀灭害虫，最常用的取食引诱剂是蔗糖液。

8. 不育剂

不育剂是一类能够干扰害虫生殖系统的化合物，通过破坏其生殖循环，导致害虫出现雄性、雌性或双性不育，从而使其丧失正常的繁殖能力，达到控制害虫种群的目的。如六磷胺等。

9. 生长调节剂

生长调节剂是指化合物可阻碍或抑制害虫的正常生长发育，使之失去危害能力，甚至死亡的一种杀虫剂。如灭幼脲等。

为了充分发挥药剂的效能，我们必须合理选用药剂与剂型，做到对“症”下药。合理用药还必须与其他综合防治措施配套，充分发挥其他措施的作用，以便有效控制农药的使用量。

（四）生物防治

1. 以虫治虫

以虫治虫是通过利用害虫的各类天敌来实现防治的一种方法。我国地域广阔，害虫种类丰富，相应的天敌资源也极为丰富。常见的天敌昆虫包括蜻蜓、螳螂、瓢虫、步甲、食蚜蝇幼虫、寄生蝇、赤眼蜂等。以虫治虫的核心在于增加天敌昆虫的数量和提升其控制害虫的效率，主要手段包括大规模饲养和释放天敌昆虫，以及从其他地区或国外引进有效的天敌昆虫。

2. 以微生物治虫

许多微生物都能引起昆虫疾病的流行，使有害昆虫种群的数量得到控制。昆虫的致病微生物大多对人类和牲畜安全，且不会污染环境。这些微生物可以被制成特定制剂，像化学农药一样进行喷洒，因此被称为微生物农药。在农业生产中，应用较为广泛的昆虫病原微生物主要包括细菌、真菌和病毒三大类。如已作为微生物杀虫剂大量应用的主要是芽孢杆菌属的苏云金杆菌，已用于防治害虫的真菌有白僵菌、绿僵菌、拟青霉菌、多毛菌和虫霉菌等。

3. 以激素治虫

该种方法利用昆虫的内外激素杀虫，既安全可靠，又无毒副作用，具有广阔的发展前景。利用外激素控制害虫，一般有诱杀法、迷向法和引诱绝育法。利用内激素防治害虫包括利用蜕皮激素和保幼激素两种，蜕皮激素可使昆虫发生反常现象而引起死亡；保幼激素可以破坏昆虫的正常变态，打破滞育，使雌性不育等。

（五）物理机械防治

利用光、电、色彩、温度、湿度等物理因素及机械设备来防控害虫的方法，被称为物理机械防治法。① 常见的有捕杀、诱杀、阻杀和高温杀虫。

1. 捕杀

利用人力或简单器械，捕杀有群集性、假死性等习性的害虫。

2. 诱杀

利用害虫的趋性，设置灯光、潜所、毒饵等诱杀害虫。如利用波长为365nm的黑光灯、双色灯、高压汞灯进行灯光诱杀，利用杨柳树枝诱杀棉铃虫蛾子等。

① 冯逃，玉香儿，尹彦芳．农业经济管理及发展探索［M］．长春：吉林科学技术出版社，2024.

3. 阻杀

通过人为设置物理障碍，阻止幼虫或不善飞行的成虫迁移扩散。例如，在树干上涂抹胶状物，可以有效防止树木害虫下树越冬或上树为害。

4. 高温杀虫

用热水浸种、烈日暴晒、红外线辐射、高频电流等，都可杀死种子中隐蔽危害的害虫。如食用小麦暴晒后，在水分不超过12%的情况下，趁热进仓库密闭储存，对于杀虫防虫效果极好。

三、作物草害及其防治

人类根据自己的需求，在不断的选择和驯化下，将植物分化成为野生植物、作物和杂草。广义地说，杂草是指农田中人们非有意识栽培的“长错了地方”的植物。与其他野生植物相区别，农田杂草是能够在农田生境中不断自然延续其种族的植物，且不易被人类的农事耕作等活动所根除，必将影响人类对人工生境的维持，给人类的生产和生活造成危害。

（一）杂草危害

杂草对作物的危害主要体现在多个方面，最为突出的是与作物竞争养分、水分和光照，从而抑制作物生长，导致作物产量和品质下降。杂草的危害可以分为直接危害和间接危害两大类。

1. 直接危害

直接危害主要指农田杂草对作物生长发育的妨碍，并造成农作物的产量和品质的下降。杂草与作物一样都需要从土壤中吸收大量的营养物质，并能迅速形成地上组织。杂草有顽强的生命力，在地上和地下与作物进行竞争。地上部主要表现为对光和空间的竞争，地下部主要表现为对水分和营养的竞争，直接影响作物的生长发育。具有发达根系的杂草还掠夺了土壤中的大量水分。在作物幼苗期，一些早出土的杂草严重遮挡着阳光，使作物幼苗黄化、矮小等。

2. 间接危害

间接危害主要体现在农田杂草作为病虫害的中间宿主和越冬场所，促进病虫害的传播与扩散，如夏枯草、通泉草和紫花地丁等杂草为蚜虫等害虫提供了越冬栖息地。部分杂草还充当作物病害的传播媒介，如棉蚜在夏枯草、小蓟和紫花地丁上越冬后，春季转移至棉花幼苗造成危害。此外，某些杂草或其器官含有毒性物质，如毒麦种子混入粮食或饲料会导致人畜中毒，冰草分泌的化感物质则会抑制小麦等作物的萌发和生长；禾本科杂草感染麦角病、大麦黄矮病毒和小麦丛矮病毒，再通过昆虫传播给麦类作物使其发病，如小麦田生长的猪殃殃、大豆田生长的菟丝子等，都严重影响作物的管理和收获。

(二)农田草害的防除

1. 农业防除

农业措施涵盖合理轮作、土壤耕作与整地、种子精选、施用腐熟肥料、清除田边及沟边杂草及合理密植等方面。

合理轮作，尤其是水旱轮作，是改变农田生态环境、抑制某些杂草传播和危害的关键手段。例如，水田中的眼子菜和牛毛草在改为旱作后会受到抑制；土壤耕作与整地，如春耕、秋耕和中耕等，可翻理杂草种子，扯断杂草的根系和营养体，减轻杂草的危害。播前对作物种子进行精选(包括风选、筛选、水选等方式)是减少杂草种子来源的关键措施。例如，稗草种子可能随稻谷传播，菟丝子种子可能随大豆传播，狗尾草种子可能随谷粒传播。通过种子精选，我们可以有效防止这些杂草种子的扩散。此外，有机肥料(如家畜粪便、杂草堆肥、饲料残渣、粮油加工废料等)中含有大量杂草种子，若未经高温腐熟处理，这些种子仍具有发芽能力。因此，使用经过充分腐熟的有机肥料可以有效抑制杂草种子的传播。

同时，清除田边、沟边、路旁的杂草也是防止杂草蔓延的重要手段。

2. 植物检疫

杂草种子常通过混杂于作物或牧草种子中实现扩散。因此，强化植物检疫工作是有效防止杂草种子在更广泛区域传播和蔓延的关键策略。

3. 生物防除

生物防除是通过利用动物、昆虫、病菌等生物手段来控制杂草的方法。它涵盖了利用昆虫、病原菌及养殖动物等方式来清除杂草。

早期的生物防除主要是利用动物来防除杂草，如在果园放养食草家畜家禽、在稻田养殖草鱼等，后期在以虫灭草上我们也收到了很好的效果。

众多昆虫能够作为杂草的自然天敌。例如，尖翅小卷蛾可有效控制香附子、碎米莎草、荆三棱和水莎草等杂草；盾负泥虫则是鸭跖草的天敌。在以菌灭草上，我们同样也取得了成功，如用锈病病菌防除多年生菊科杂草。此外，利用植物病原微生物开发的微生物除草剂已经成熟并投入应用，如用炭疽病菌制剂防除美国南部水稻和大豆的豆科杂草美洲合萌。我国在利用微生物病菌防除杂草上同样也取得了很大的进展，如防除大豆菟丝子的菌药“鲁保 1 号”已研制成功。

4. 化学防除

化学防除是通过使用除草剂来控制杂草的一种技术手段。它具有高效、省力且效果显著的特点。但除草剂的作用机理复杂，目前，主要是基于以下几种机理进行化学防除：抑制杂草的光合作用、阻碍脂肪酸合成、干扰杂草的蛋白质代谢、破坏杂草体内的生长素平衡及抑制植物微管和组织的发育。使用除草剂灭除农田杂草时，我们需找出作物对除草剂的“耐药期或安全期”和杂草对药剂的“敏感期”施用防除，才能达到只杀草而不伤苗的效果。

第一，可利用部分除草剂药效快速且残留时间短的特点，在作物播种前将除草剂喷洒于土壤表层，快速消灭杂草，待药效消退后再进行播种。利用时间差，既灭除了杂草又不伤害作物。如利用灭生性除草剂草甘膦处理土壤，施药后 2~3d 即可播种和移栽。

第二，可依据作物与杂草根系在土壤中分布深度的差异及植株高度的不同，进行选择性除草。通常，作物的根系在土壤中分布较深，而杂草的根系多集中在浅土层。因此，将除草剂施用于土壤表层，能够在不损害作物的情况下有效清除杂草。如移栽稻田使用丁草胺。

第三，作物形态不同对除草剂的反应不同。如稻麦等禾谷类作物叶片狭长，表面的角质层和蜡质层较厚，除草剂药液不易黏附，且具有较大的抗性；苋、藜等双子叶杂草的叶片宽大平展，表面的角质层与蜡质层薄，药液容易黏附，因而容易受害被毒杀。

第四，生理生化选择，即利用不同作物的生理功能差异及其对除草剂反应的不同。如水稻与稗同属禾本科，形态和习性相似，但水稻体内有一种特殊的水解酶能将除草剂敌稗水解为无毒性的 3，4-二氯苯胺及丙酸；稗草则因没有这种功能而被毒杀。

总之，根据作物和杂草之间的差异，选用除草剂品种要准确，喷施要均匀，剂量要精确；同时还要看苗情、草情、土质、天气等灵活用药，才能达到高效、安全、经济地灭除杂草的目的。

四、农业鼠害及其防治

害鼠种类多、数量大、繁殖快、分布广，对农业危害极大，几乎所有农作物都受到害鼠的危害。

（一）鼠类概述

鼠类通常是指哺乳纲、啮齿目的动物。鼠类在哺乳动物中种类和数量最多。

（二）鼠害的防治

1. 生态防治

生态防治的核心在于通过改变鼠类的生存环境，抑制其生长和繁殖，提高其死亡率，进而有效控制害鼠的种群规模。[①] 具体措施有以下几种。

① 阮若卉，陈昭玖，刘彩云．当代农业经济发展现状与模式研究[M]．长春：吉林出版集团股份有限公司，2024.

(1)翻耕土地、清除杂草

清除杂草、减少荒地，使害鼠难以隐蔽和栖居。翻耕、灌溉和平整土地，如在华北北部的旱作区，秋季耕翻农田即可破坏田间洞穴，迫使长爪沙鼠迁居到田埂、荒地等不良的栖息地，从而引起大量死亡；秋耕、秋灌及冬闲整地，对黑线仓鼠的越冬也有很大破坏作用。

(2)兴修水利、整治农田周边环境

很多害鼠栖息于田埂、沟渠边、河塘边、土堆或草堆等地，如黑线姬鼠、褐家鼠等。在冬季开展农田水利建设、积肥、田埂修整及荒地开垦等活动时，可有效破坏害鼠的栖息环境。

(3)搭配种植、合理布局农作物

通过合理搭配农作物品种和优化种植布局，能够有效降低鼠害的发生。例如，采用不同作物的交错种植方式，形成复杂的生态环境，可以加剧鼠类之间的竞争，同时促进其天敌数量的增加，从而抑制鼠害的发展。实践表明，多种作物交错种植的田块比单一作物种植的田块鼠害更轻。此外，水旱轮作的田块相较于旱旱轮作的田块，鼠害发生程度也较轻。

(4)及时收获、颗粒归仓

食物是害鼠生存和繁殖的关键因素。减少或切断食物来源能够抑制害鼠的生长、繁殖和存活，从而有效控制鼠害。例如，在农作物收获季节，尤其是秋季收割时，做到及时收割、快速脱粒运输、确保颗粒归仓，可以切断害鼠的食物来源，减少害鼠获取食物和储存粮食越冬的机会。如在秋后能及时耕翻、清洁田园，就会取得更好的效果。

2. 生物防治

在害鼠的生物防治中，我们主要通过利用天敌动物、病原微生物及外激素等手段来杀灭害鼠或抑制其种群数量的增长。鼠类的天敌主要有猫头鹰、鹰隼类等鸟类和黄鼬、豹猫、狐、獾等哺乳动物及蛇类等，我们应积极保护这些天敌。微生物灭鼠是通过使用对鼠类具有致病性的微生物来实现的，常见的致病微生物包括鼠伤寒菌和沙门氏菌等。然而，由于这些微生物可能对人类和家畜也具有一定的致病性，因此在使用病原微生物进行灭鼠时我们需要格外谨慎。外激素防治主要是利用其驱避作用、引诱作用、不孕作用等，直接控制和减少害鼠数量；或利用报警信息干扰某些鼠类种群的正常活动。

3. 物理防治

物理防治主要依靠捕鼠器械来消灭鼠类。这些器械大多是基于杠杆和平衡原理设计制造的，也有部分是利用电学原理开发的。在野外常用的捕鼠工具包括捕鼠夹、捕鼠笼、捕鼠箭、电子捕鼠器和超声波灭鼠器等，但它们的成本和适用范围各有差异。

4. 化学防治

针对当地主要害鼠种类、分布和数量动态及作物的受害程度和面积，根据耕作制度、气候条件和自然资源等因素制定出鼠害防治方案。在害鼠繁殖前期或繁殖初期，应开展大面积连片的防治工作，建议以市、县为单位进行统一规划，以乡镇为单位统一投药时间，同时确保农田灭鼠与农家或城镇居民区灭鼠同步实施。同时，要注意人畜安全、防止二次中毒，严禁使用国家明文禁用的杀鼠剂品种。

(1)毒饵灭鼠

毒饵由诱饵、添加剂和杀鼠剂三部分组成。诱饵引诱鼠类前来取食毒饵；好的诱饵应具有适口性好、害鼠喜食而非目标动物不取食，不影响灭鼠效果，来源广、价格低，便于加工、贮运和使用等特点。添加剂主要用于改善诱饵的理化性质，增加毒饵的警示作用，以提高人畜的安全性。缺点是有很多副作用、不够安全。

(2)熏蒸灭鼠

在密闭的环境中，使用熏蒸药剂释放毒气，使害鼠呼吸中毒而死。此方法的优势在于其强制性，不依赖鼠类的取食行为，灭鼠效果显著，作用迅速，使用安全，且不存在二次中毒风险，尤其适用于仓库环境，可同时防治鼠类和害虫。然而，该方法的不足之处在于用药量较大，且需要在密闭环境中使用。

(3)化学驱鼠

化学驱鼠是用驱鼠剂涂抹保护对象，当害鼠的唇、舌接触到药剂后感到不适，不愿再次危害的防鼠方法。化学驱鼠并非灭鼠，只是一种预防性措施。

(4)化学绝育

化学绝育是使害鼠取食绝育剂，导致其终生不育，从而达到控制害鼠种群的目的。

(5)化学杀鼠

化学杀鼠剂依据害鼠摄食后中毒死亡的速度，可分为急性杀鼠剂(例如敌溴灵)和慢性杀鼠剂(主要为抗凝血杀鼠剂)，二者适用范围和施用方式有所差异。

第四节　无水栽培技术

一、准备必要的工具

(一)容器的选择

选择适当的容器来种植适当大小的蔬菜。容器的大小不同，深浅不一样，那么需要的基质的量也会不同。一般来讲基质的量越多越有利于蔬菜的生长，因此不能因为蔬菜是从幼苗移栽或者是从播种开始，就使用较小的容器来栽植，又没有随着植株的长大而及时更换容器，这样等幼苗长大以后根系生长就会受到阻碍，影响蔬菜的生长。所以种植前，我们首先要对自己种植的蔬菜生长特点有所了解，然后选择合适的容器来种植。一般来说，植株比较高，且生长期长的蔬菜要选择体积较大的容器，而植株较矮，且生长期短的蔬菜，选择小型或者中型的容器。

(二)必备的种植工具

无刻度喷壶、喷雾器。在种子发芽前为了防止种子被水冲走需要使用喷雾器来浇水。等蔬菜到了幼苗期，根系茁壮时就可以使用喷壶来浇水了。

小铁锹、铁铲、小耙子。在栽植幼苗及给蔬菜施肥和松土的时候都会用到这些工具。园艺剪刀。修剪茎叶及收获蔬菜的时候都会用到园艺剪刀，另外，在搭建支架时，剪刀也是必不可少的工具。

手套。在掺混基质、施肥和喷洒农药时戴上手套可以防止弄脏手。

捆扎线。在给植株较高的蔬菜，如西红柿、青椒、黄瓜等搭支架的时候会用到。等蔬菜长到一定高度时，我们就需要将小架子换成大架子，用捆扎线固定支架就可以牵引枝蔓了。当然，也可以用麻绳或者尼龙绳代替。

接水托盘。将容器放置在托盘上防止容器底部流出的水弄脏地面。托盘内不适宜存储大量的水，有可能造成蔬菜烂根，因此我们需要定期检查，及时清理。

水管。当蔬菜数量较多时，我们还可以采用接水管的形式来给蔬菜浇水。水管的常用材质一般都是橡胶，但是喷头材质种类较多。

二、基质与肥料的选择

(一)基质的基本要求

基质栽培是一种利用固体介质固定植物根系，并通过介质吸收养分和氧气的种植方式。具有良好通气性和保水性的疏松基质对植物根系生长最为有利。这样的基质既能够保持足够的水分，又能确保水分移动通畅，而空气也可以通过基质，从而增加基质的透气性。挑选时我们可以通过以下几点进行判断。

第一，疏松度。植物根系生长需要足够的氧气，如果基质过于紧实，植物容易出现黄叶、烂根等情况，疏松度较好的基质，用手攥一下，会有弹性。

第二，排水性。积水将会造成植物根部缺氧，好的基质，渗水速度适中。

第三，保水保肥。植物需要从基质中吸收水分和养分，好的基质，浇透水后，会明显变重。

(二)基质种类

对于初学者而言，可选用市售的蔬菜专用营养基质进行栽培。这类基质通常由经过发酵或炭化处理的农林废弃物与泥炭、珍珠岩、蛭石等轻质矿物质混合而成，其中已经添加了蔬菜生长必需的营养元素，且在封装之前已经过消毒杀菌，所以可以直接使用，非常便利，可以免去自己配制的麻烦。市场上这类基质的种类较多，不太容易分辨好坏，因此我们可以先买两三种小袋的营养基质来进行试栽。

播种用基质。这种基质是一种含水量较高的培养基质。由于其颗粒较细，有利于出芽整齐。最好是选择事先加入肥料的出苗用基质。

赤玉土分为大、中、小颗粒，赤玉土具有良好的排水和保水性，不含有杂草及肥料，无菌。大颗粒的放在盆底保持基质的透水性，小颗粒的放在育苗格中做扦插混合基质使用。由于赤玉土干燥时比较容易破碎，所以推荐选择包装内水分较少的、无碎末的产品。

陶粒主要以黏土、粉煤灰或生物污泥为原料，经过高温焙烧膨化制成。作为轻集料的轻质陶粒，具有密度小、强度高、吸水率大等特点，并且可以根据大小分为大、中、小颗粒。其主要用途是放置在盆底，以保持基质的透水性。①

火山岩颗粒。火山岩颗粒特有的多孔性、透气性、透水性可作为无土栽培基质和底部排水层使用。单独使用时，及时补充氮、磷、钾，植物即可正常生长，也可与各种蛭石、椰糠、泥炭、树皮等混合使用。

(三)肥料种类与特点

草木灰是植物低温燃烧制成的肥料，含钾量高。在种植根菜的时候，可以预先混在基质中，也可以作为追肥。但应该注意其用量，过多会导致基质碱性化，不利于蔬菜生长。

骨粉。骨粉是由动物的骨头加工熟制后粉碎而成，含磷量比较高。可以预先混在基质中，也可以作为追肥。购买时请注意看包装上是否标明“未使用病死家畜”等字样。

腐熟鸡粪主要是以发酵熟制的鸡粪作为原料，加入木质泥炭及谷壳，中和其碱性和吸附臭味。可以预先混在基质中，也可以作为追肥。尤其适合瓜果及叶菜类蔬菜使用。

海洋性有机肥料，简称“海肥”，主要源于海产品加工的剩余物、不可食用的海洋动植物及矿物性物质。这类肥料中大部分磷以有机态存在，且富含钙。根据来源，海肥可分为动物性、植物性和矿物性三类，其中动物性海肥的种类最为丰富，数量也最大。

---

① 陶喆．低碳农业经济发展模式与对策研究[M]．长春：吉林大学出版社，2024.

淘米水。在淘米水中加入白糖或者是蜂蜜效果会更好。但是，如果加入白糖或者蜂蜜，需要发酵1周后再使用。

咖啡渣。很多咖啡店每天都会有很多的咖啡渣产生，如果把这些咖啡渣放在常温的室内，一天就会发霉，放在太阳下晒干，再和基质以1∶4的比例混合，或者也可以把它作为追肥，撒在蔬菜的根部，可以给蔬菜提供一定的钾素营养。

三、育苗基质的制作

育苗基质直接使用草炭就可以，如果想增加其保水性，那可以在里面加入少量的珍珠岩或者蛭石，一般按照3∶1混合就可以。

四、种植基质的制作

可以采用珍珠岩、小颗粒火山岩、泥炭土来进行混合。根据所栽种蔬菜的不同，我们可加入不同的有机肥料，基本比例是1.5∶1∶5∶2.5。

(一)基本基质(叶类蔬菜等使用)

将需要的基质和堆肥混合。本基质使用范围比较广，包括所有的叶菜类蔬菜。

将准备好的基质与堆肥，用双手由外向内混拌，直到基质中的颗粒物均匀分布为止。

(二)含磷类基质(瓜果类蔬菜等使用)

这类基质是在基本基质的基础上，加入骨粉等磷含量较高的肥料，适合黄瓜、茄子、番茄等瓜果类的蔬菜。

在基本基质的基础上，加入骨粉等含磷肥料，用双手由外向内混拌，将基质充分混合。

(三)含钾类基质(根菜类蔬菜使用)

在基本基质的基础上，加入草木灰等含钾肥料，用于萝卜、土豆等蔬菜的种植。按照含磷类基质的混合方法进行混合。

(四)基质的循环使用

用过的基质可以进行循环使用。只是在使用前我们需要过筛和消毒。把旧基质里的老根茎筛出来，然后找个大塑料袋，把基质装进去，均匀地洒点水，将塑料袋密封好，暴晒三天左右。

五、种子和种苗选择及保存

(一)蔬菜种类选择及注意事项

叶类蔬菜在人们生活中非常常见，种类繁多，适宜家庭种植。它们的特点是叶子多，并且大都植株矮小，常见的有菠菜、小白菜、大白菜、芹菜、甘蓝、茼蒿、香菜等，在阳台种些叶类蔬菜，不仅方便管理，而且一盆盆的还特别养眼。除了叶类蔬菜，家里还可以种植根茎类蔬菜、瓜果类蔬菜等，那么在种植这些蔬菜时有什么要注意的呢?

第一，种植时，新手尽量选择一些容易种的蔬菜，如小葱、蒜、菠菜、生菜、韭菜、荠菜等。另外，因为是在家里种植，所以尽量选择一些易于管理、不易生虫的蔬菜，如葱、大蒜、韭菜等。

香菜、莜麦菜等这些蔬菜的生长周期相对较短，也适合新手种植。

第二，种菜时选对季节，最好是种一些应季的时令蔬菜，这样管理起来会方便很多。青菜、马兰这两种蔬菜的管理是最简单的，如果你的工作很忙，可以试着种这两种菜。而且这两种菜一年四季都适合种植。另外，小葱、菠菜、莴苣、马兰等耐寒性也是非常好的，也比较适合在阳台种植。

第三，阳台朝向决定了蔬菜的生长环境，种菜时要全面考虑。朝南的阳台对所种蔬菜品种一般没有太大的限制，而朝北的阳台一般不适合种植蔬菜。

(二)选择种子的注意事项

第一，选择品种要合适。根据本地的气候环境条件，选择适宜的品种；避免盲目跟风购买新品种，务必仔细阅读品种介绍，防止因品种选择不当导致经济损失。

第二，要注意种子质量标示。目前蔬菜种子大多采用小包装销售，包装袋上应明确标注品种名称、产地、净度、纯度、发芽率、水分含量、生产单位、生产日期和净重等关键质量信息。

第三，购买种子时，可以打开包装，对种子进行简单辨别。一看种子的色泽、饱满度、大小是否一致；二闻包装袋内是否有霉变的味道；三捏种子是否潮湿易碎。

(三)种子保存的注意事项

第一，要避免种子混杂。各种蔬菜种子应分别保存在各自的包装袋中，切勿混杂。

第二，要防止种子受潮。蔬菜种子应存放在通风干燥的地方，最好装入密封的瓶子或罐子中，避免被雨淋或接触潮湿物体。

第三，要防止虫蛀。保持种子干燥是避免害虫滋生的关键，因此建议在储存一段时间后，利用中午的阳光对种子进行暴晒，以防止害虫滋生。

(四)选择种苗的注意事项

第一，一定要选带有原基质的种苗，缺少原基质的种苗一般根会受伤。

第二，优质的种苗应具备健壮的植株，叶片较大且肥厚，叶色鲜亮。此外，还需关注叶片数量，拥有两到三片真叶的种苗通常质量更佳。

第三，不能有虫子，也不能有病害。

(五)种子的保存期

蔬菜种子的发芽率与保存年限密切相关，不同种类的蔬菜种子有不同的保存年限。以下是几种常见蔬菜种子的保存有效期。

第一，番茄。一般可保存3~4年，最长不超过4年，否则发芽率会降低。鉴别新旧种子的方法是：新种子表面有茸毛且带有番茄特有的气味；旧种子茸毛较少或已脱落。

第二，黄瓜。一般可保存2~3年。超过此期限，发芽率通常会降低20%~30%，即使出苗也较难成活。

第三，辣椒。保存期限不宜超过3年。保存2年的种子发芽率会降低约10%，保存3年的降低约30%。新种子呈金黄色，而陈旧种子为杏黄色。

第四，葱。夏种伏葱，应用新种。若用陈年种，小葱会抽苔结种子。春播葱可用头年种。

第五，芹菜。可保存3年，但当年收获的种子不宜直接使用，需存放1年后再播种。

第六，韭菜。当年收获的新种子品质最佳，保存2年后发芽率会有所降低。

第七，白菜。可保存2年，当年收获的种子当年即可播种。超过2年，出苗率会降低20%~30%，同时抗病能力也会减弱。

第八，香菜。建议保存1年后再使用，保存时间不宜超过3年，否则其香味会减弱。

六、育苗格育苗移栽的方法

种植番茄、辣椒等瓜果类的蔬菜及白菜或者甘蓝等生长期较长的蔬菜时，我们需要先将种子播种到育苗格中，然后再移栽到大容器中定植。①

(一)需要准备的物品

1. 育苗用的培养基质

播种所用的基质是经过加工的，一般颗粒均匀，保水性高，有利于植物整齐地发根。

① 张学权，李龙，宋利学．农业生态环境保护技术探析[M]．北京：中国书籍出版社，2024.

这类基质一般市场上可以买到，可以直接拿来使用，并且已经预先加入了肥料。如果选择有机栽培的话，要看看基质包装上是否说明掺入的是有机肥料。

2. 育苗格

一般选择4~5cm口径的育苗格，这样的育苗格可以保证蔬菜苗根长到足够的长度。根据需要育苗的数量选择合适格数的育苗格。

3. 喷雾器

育苗的过程中需要给种子浇水，一般采用喷雾器，因为喷雾器水雾较柔和，不会把已经播种好的种子冲走。

(二)育苗的过程

第一，播种时基本上是一格一个种子，种子尽可能放在格子的正中间。

第二，将育苗基质填入育苗格中，注意要让基质把格子填平。

第三，用手指将基质表面抹平。

第四，用喷壶将基质完全喷湿，直到水从底部流出。

第五，当基质全部湿润以后，用小铲子在每个格子的正中间挖出0.5cm深的小坑。

第六，将种子逐个放入挖好的坑中。

第七，种子放置完毕，在表面撒上一层基质，大约1cm厚。

第八，用手轻压，让基质和种子紧密结合。

第九，使用喷雾器将上层基质彻底湿润，以完成整个育苗过程。

种子发芽需要适宜的温度和湿度条件，因此我们必须使用喷雾器进行浇水，避免种子被水流冲走。种子发芽之后，我们需要将育苗格摆在光线较好、温度适宜的地方进行管理。

(三)移栽幼苗的步骤

第一，将陶粒或者大粒的赤玉土、火山岩铺在花盆的底部，所需的量以能够完全盖住花盆底部为宜，如果使用的是带箅子的塑料花盆，则可以省略此步。

第二，填入基质，到距离盆口2~3cm处。

第三，用铲子挖出比幼苗根系大一圈的坑。

第四，将幼苗取出，注意取出时要用手指握住植物的主体，确保不损伤幼苗的根系。

第五，将幼苗放入花盆中，用手轻压基质，使基质和植物根系之间紧实。

第六，用水壶给幼苗周围浇水，注意不要把水洒到幼苗的茎叶上。

第二章　现代农业技术推广体系

第一节　现代农业技术推广的含义与功能

一、现代农业技术推广的含义及其特征

农业技术推广的演进推动了人们对“推广”内涵的重新定义，使其从单纯的“农业技术推广”拓展为涵盖“涉农传播教育与咨询服务”的更广泛领域。这表明，随着农业现代化的推进、农民素质的提升及农村发展的加速，农民、农村居民乃至普通社会消费者的需求已不再局限于生产技术和经营知识的简单指导。他们对科技、管理、市场、金融、家政、法律、社会等多领域的信息和咨询服务有了更高的期待。

一般而言，农业技术推广和咨询服务工作的主要目标是开发人力资本，培育社会资本，使人们能够有效地利用相应的知识、技能和信息促进技术转移，改善生计与生活质量，加强自然资源管理，从而实现国家和家庭粮食安全，增进全民的福利。

简单来说，现代农业技术推广是一种以开发人力资源为目标的涉农传播、教育与咨询服务活动。推广人员通过沟通和其他相关手段，组织并教育推广对象，帮助他们增长知识、提升技能水平、转变观念和态度，从而促使他们自愿自觉地改变行为，积极采用和传播新技术。在此过程中，推广对象还将获得自我组织和决策的能力，以解决自身面临的问题，最终实现培养新型农民、推动农业与农村发展、提升社会福利的多重目标。

由此，我们可以更深入地理解农业技术推广工作和农业技术推广人员的角色：农业技术推广工作本质上是一种专业的传播与沟通活动，农业技术推广人员是从事这一活动的职业传播者；农业技术推广工作也是一种非正规的校外教育形式，农业技术推广人员在此过程中扮演着教师的角色；农业技术推广工作还是一种帮助人们分析和解决问题的咨询服务，农业技术推广人员是提供这种服务的咨询专家；此外，农业技术推广工作旨在协助人

们改变行为，农业技术推广人员则是推动这种行为变革的促进者。现代农业技术推广的主要特点可以概括为：推广内容从单一的农业技术扩展到涵盖生产与生活的综合咨询服务；推广目标从单纯的增产增收转变为促进生产发展与生活改善的双重目标；推广理论更注重以沟通为基础的行为改变和问题解决；推广策略更强调自下而上的项目参与；推广方法更侧重基于沟通的现代信息传播与教育咨询；推广组织形式呈现多元化；推广管理趋向科学化和法制化；推广研究方法更重视定量和实证方法的应用。

二、农业技术推广的主要社会功能

(一)农业技术推广的主要功能

农业技术推广的功能可以从不同的视角来理解。例如，从推广教育的视角，其可以分为个体功能和社会功能，前者是在推广教育活动内部发生的，也称为推广教育的本体功能或固有功能，指教育对人的发展功能，也就是对个体身心发展产生作用和影响的能力，这是教育的本质体现；后者是推广教育的本体功能在社会结构中的衍生，是推广教育的派生功能，指教育对社会发展的影响和作用，特别是指对社会政治、经济、科技与文化等多方面产生的作用和影响的能力。

农业技术推广工作在传播知识与信息、培养个人领导才能和团体行动能力等方面，在提升农村人口素质、推动科技进步及促进农村发展和提升社会福利等方面具有极其重要的作用。农业技术推广以人为核心，通过提升个人能力、改变行为和改善条件来优化社会事务和环境。因此，农业技术推广的功能可以通俗地分为直接功能和间接功能。直接功能主要体现在帮助推广对象改变知识、技能、态度、行为及提升自我组织与决策能力。间接功能则是通过直接功能的成果进一步显现的推广效果，即农业技术推广通过改变推广对象自身的状况，进而影响其社会经济环境的功能。这种间接功能会因不同的农业技术推广任务和模式而有所差异。①

1. 直接功能

(1)增加推广对象的基本知识与信息

农业技术推广工作致力于人力资源的开发。通过知识和信息的传播，为推广对象提供了优质的非正式校外教育机会，这在某种程度上相当于将大学的教育资源带给了广大民众。

(2)提高务农人员的生产技术水平

这是传统农业技术推广的核心功能。通过传播和教育活动，农业技术创新得以广泛传

---

① 姜长云．中国式农业农村现代化[M]．北京：东方出版社，2024.

播，农村劳动力的农业生产技能和经营管理水平得到显著提升，从而增强了农民的职业能力，使他们能够适应现代科学技术的发展，获得理想的农业生产或经营成果。

(3)提高推广对象的生活技能水平

农业技术推广工作还涵盖了家庭生活咨询领域。借助教育和传播手段，农业技术推广能够为农村老年人、妇女、青少年等不同群体提供针对性的咨询服务，从而提升农村居民适应社会变迁和现代生活的能力。

(4)转变推广对象的价值观、态度与行为

农业技术推广工作通过行为干预促使推广对象的行为发生积极变化。通过教育和咨询服务，引导农村居民学习现代社会的价值观、态度和行为模式，从而帮助农民在思想观念上适应现代社会的变革。

(5)提升推广对象的自我组织与决策能力

农业技术推广工作通过参与式方法，激发推广对象的自主性、自立能力和自助精神。借助信息传播、组织协调、教育培训和咨询服务等活动，推广对象在面对各种问题时，能够更有效地选择合适的行动方案，从而缓解或解决实际问题。推广对象参与农业技术推广计划的制订、实施和评估过程，将显著增强其组织和决策能力。

2. 间接功能

(1)促进农业科技成果转化

农业技术推广工作在传播农业技术创新方面发挥着关键作用。农业科技成果只有被用户采纳并应用，才能转化为实际的生产力，进而推动经济增长。在农业技术创新和科技进步体系中，农业技术推广是不可或缺的重要环节。

(2)提高农业生产与经营效率

农业技术推广工作能够提升农业的综合发展水平。当农民的知识、信息、技能和资源条件得到改善后，农业生产效率和投入产出比将显著提高。通常认为，农业发展的关键因素包括科研、教育、推广、物资供应、市场及政府干预等。其中，农业技术推广是推动农业发展的关键因素之一，也是提升农业生产力的重要途径。

(3)提升农村社区生活环境与生活质量

农业技术推广工作有助于提高农村的综合发展水平。在农村综合发展过程中，教育、传播和咨询服务等方式，能够改变农村居民对生活环境和生活质量的认知与期望。这将进一步激发居民参与社区改善活动的积极性，推动农村文化娱乐事业的发展，完善基础设施建设，从而创造更高水平的农村环境和生活质量。同时，这一过程也有助于促进社会公平与民主意识的形成。

(4)优化农业与农村生态条件

农业技术推广服务在促进乡村可持续发展中扮演着关键角色。通过系统的推广工作，我们可以转变农业生产者和农村居民对农业生态系统的理解，提升其对农业生产活动环境影响的认识，从而培养科学的生态意识。这种转变不仅有利于实现人口、经济、社会、资源与环境的协同发展，还能在推动经济增长的同时，有效保护人类生存所依赖的自然资源与生态环境，为后代创造可持续的发展条件和宜居环境。

(5)执行国家的农业计划、方针与政策

农业技术推广体系在信息传播和服务供给方面具有重要功能。在多数国家和地区，这一体系被纳入农业行政管理架构，实质上承担着政府职能延伸的角色。推广工作常被用于实施政府的农业和农村发展战略，确保国家农业发展目标的达成。

(6)增进全民福利

农业技术推广工作的服务对象十分广泛，通过教育和传播手段普及农业相关知识、技术和信息，能够以知识驱动发展，减少对资源的依赖，实现以提升社会福利为导向的发展目标。

(二)农业技术推广中存在的问题

1. 技术推广体系存在诸多弊端

技术推广体系较为陈旧，技术从业者年龄偏大，知识体系存在缺陷。部门之间权责界定模糊，缺乏有效的评估与激励措施，导致农业技术人员难以全身心投入工作。同时，多数农民因文化水平有限，难以有效掌握和理解现代农业技术，这在很大程度上阻碍了农业现代化的进程。

2. 缺乏自主创新意识

科研人员的自主创新意识不足，推广机构的设备陈旧，且缺乏完善的评价与考核体系。农业企业和专业合作组织在科技研发方面缺乏主动性，自主创新能力较弱，仍处于初级阶段。

3. 农业科技缺少新型人才

人才资源不足，缺乏复合型和管理型等新型人才，现代农业生物技术等领域的专业人才严重短缺，部分农业单位多年未招录新的技术人员。在农业生产中，专业技能培训人员稀缺，而一些刚毕业的技术人员因缺乏实践经验，仅能照搬书本知识，难以在农户中树立权威，从而在一定程度上影响了推广工作的开展。

4. 农业科技资金投入力度不够

近年来，尽管农业科技的资金投入有所增加，但总体规模依然较小，相关政策落实不到位的问题仍然突出，导致部分业务工作难以顺利开展。此外，农业企业大多依赖政府支持，自主投入科技研发的意识不足。地方政府未能及时改善落后的农村基础设施，使得病虫害和旱涝灾害对农田造成较大危害。由此可见，充足的资金支持对农业发展至关重要。

(三)加强农业技术推广的相应措施

1. 优化农业技术推广体系，加强现代农业技术推广人才队伍建设

持续推进基层农业技术推广体系改革，要求各级农业技术部门清晰界定职能范围，建立健全责任机制，充分发挥技术人员在技术指导和项目规划等方面的专业优势，打造高效、系统的农业科技服务网络。针对具有实施价值的项目，我们应当增加财政支持力度，设立专项推广和研究资金，深入开展技术培训和继续教育，全面提升农民群体的科学文化水平。同时，制定农业科技产业发展的相关规章制度和法律法规，强化监管，确保农业技术推广工作顺利开展。

2. 以农业主导产业为核心，明确农业技术推广的重点方向

以农业主导产业为基础，农业技术推广应聚焦于优良品种的选育、新技术的研发及无公害农产品的生产等领域。重点应放在保障粮食安全上，加强对农产品质量安全、农作物病虫害防治及畜禽疫病防控等方面的知识和技术攻关。

3. 积极推动农业向多方面发展

应积极拓展农业相关产业，如农产品深加工、储藏与运输等，推动农业结构优化升级。同时，立足自身优势，发展多元化产业，打造特色品牌，提升经济效益。通过开展专业技能培训、技术指导，结合电视、网络等信息传播渠道，农户能够及时获取农业政策、市场动态等重要信息，确保农业科技成果的有效转化与推广，促进农业相关产业的显著发展。

4. 拓宽农业投资渠道，优化农业技术推广条件

加大资金投入力度，拓展资金来源渠道。财政部门应提高农业技术推广和基础设施建设资金的投入比例，并加强对资金使用的监管，确保资金落实到位。积极推广农业机械设备，并提供购置补贴，提升农机设备水平，提高农业生产效率，推动农机推广逐步向蔬菜、畜牧等领域延伸。随着市场经济的发展，在家庭联产承包责任制的基础上，创新土地流转方式、内容和经营体制，建立互惠互利的合作机制，促进土地和劳动力资源的高效利用。

作为人口众多且农业规模庞大的国家，我国的粮食生产至关重要。为了确保农业生产的稳定和持续健康发展，我们必须充分重视科技在现代农业中的关键作用，不断提升农业的技术水平，持续加强农业技术推广工作，充分发挥其对现代农业发展的推动作用。

第二节 现代农业技术推广模式的特点

一、多元化与综合性并存

首先，从推广主体的多元化角度来看，农业技术推广形成了一个由政府、科研机构、企业、农民合作组织及个体农户共同参与的庞大网络。政府在这一过程中扮演着至关重要的角色，它通过制定一系列政策，为农业技术推广提供宏观指导和政策保障。例如，政府可以出台鼓励农业技术创新的政策，为科研机构和企业提供研发资金支持；同时，通过税收优惠、补贴政策等手段，激励农户积极采用新技术。此外，政府还通过组织技术培训、举办农业技术展览等方式，直接参与农业技术的推广活动，确保技术信息能够准确、及时地传递给广大农户。

科研机构是农业技术推广的关键源头。它们专注于农业技术的研发与创新，持续产出新的农业科技成果，为农业技术推广注入强大动力。通过与企业合作，科研机构将科研成果转化为实际应用的产品和服务，加速农业技术的市场化转化。此外，科研机构还通过技术讲座、现场指导等形式，积极参与推广活动，助力农户学习和应用新技术。

企业在农业技术推广中扮演着市场化运作的核心角色。通过市场调研，企业深入了解农户需求，将农业技术转化为满足市场需求的产品和服务。企业还通过建立销售渠道和售后服务体系，将农业技术产品推向市场，为农户提供便捷的技术获取途径。此外，企业通过开展技术培训课程、提供专业咨询服务等手段，协助农户更有效地运用新技术，从而提升生产效率和经济效益。

农民合作组织在农业技术推广中起到重要的桥梁作用。它们将个体农户组织起来，形成协同力量，共同学习和应用新技术。通过组织技术培训、现场观摩等活动，农民合作组织帮助农户更好地掌握新技术；同时，通过提供技术咨询、解决技术难题等服务，增强农户对新技术的信心和认同感。此外，农民合作组织还通过与企业合作，为农户争取更多的技术资源和市场机会，促进农业技术的广泛应用。

个体农户作为农业技术推广的最终接受者和实践者，其积极性、主动性和创造性对于技术推广的成效至关重要。通过参与技术培训、学习新技术、应用新技术等方式，个体农户不断提高自身的科技素质和生产能力，为农业技术的广泛传播和深入应用提供了坚实的基础。同时，个体农户还通过相互交流、分享经验等方式，促进了农业技术的扩散和传播。

这种多元化的推广主体共同构成了农业技术推广的庞大网络，使得农业技术推广更加全面、深入。不同主体之间相互协作、优势互补，形成了强大的推广合力，为农业技术的广泛应用提供了有力保障。①

其次，从推广手段的综合性角度来看，农业技术推广充分利用了现代信息技术手段，实现了推广手段的创新和升级。传统的培训、讲座、示范等方式虽然在一定程度上能够传递农业技术信息，但其覆盖面有限、效率较低，而现代信息技术的应用则打破了这一局限，使得农业技术信息的传播更加快速、准确、广泛。

大数据技术的应用则为农业技术推广提供了精准的数据支持。通过对农户的生产数据、技术需求、市场动态等信息进行收集和分析，我们可以深入了解农户的实际情况和需求特点，为农业技术推广提供科学依据。例如，通过大数据分析我们可以识别出不同地区、不同作物、不同生产阶段的农户对农业技术的不同需求，从而制定更加符合实际情况的技术推广方案。此外，大数据分析能够对技术推广成效进行量化评估和实时反馈，为推广策略的改进提供数据支撑。

人工智能的引入推动了农业技术推广向智能化、精准化方向转型。借助智能诊断与决策系统，农业技术推广实现了智能化升级。以病虫害防控为例，人工智能技术可精确识别病虫害并实现早期预警，为种植者提供精准的防控建议；在施肥用药方面，人工智能技术可以根据土壤养分状况、作物生长需求等因素进行精准施肥用药指导，提高肥料和农药的利用率和效果。智能化技术的运用显著提升了农业技术推广的精确性和实效性，同时有效降低了农户的生产投入和经营风险。

现代信息技术的持续发展，特别是物联网和云计算等技术的进步，为农业技术推广方式带来了革新。物联网技术实现了农业生产过程的智能管控和远程监测，而云计算技术则促进了农业技术信息的共享与协同分析。这些先进技术的应用为农业技术推广开辟了新的发展维度，展现出巨大的应用潜力。

二、市场导向与需求驱动

首先，市场导向是农业技术推广的重要指引。在市场经济条件下，农业技术的推广不再仅仅依赖于政府的行政命令和计划安排，而是更多地依赖于市场的需求和反馈。市场导向意味着农业技术推广要紧密围绕市场需求进行，关注农业产业的发展趋势和农户的实际需求，推广那些符合市场需求、具有经济效益和社会效益的农业技术。这种以市场为导向的推广模式，不仅能够确保农业技术的实用性和有效性，还能够提高农户对新技术的接受度和应用意愿。

---

① 卜刚．新型农业经营体系［M］．青岛：中国海洋大学出版社，2023.

在种植业领域，市场导向的农业技术推广表现为对高效节水灌溉技术、抗病虫害新品种等技术的重点推广。面对全球气候变迁与水资源短缺的挑战，发展高效灌溉技术已成为现代农业可持续发展的核心议题。采用滴灌、喷灌等精准灌溉方式，不仅能够优化水资源配置效率，还可有效控制病虫害发生频率，提升作物产量与品质。此外，培育和推广可以抗病虫害和具有环境适应性的作物新品种，能够显著减少化学农药投入，降低生产开支，增强农产品市场竞争力。

在养殖业领域，市场导向的农业技术推广则表现为对科学饲养管理技术、疫病防控技术等技术的重点推广。在食品安全与品质需求日益提升的背景下，现代化养殖技术的应用已成为行业发展的重要推动力。实施科学的饲养管理与疾病预防控制方案，能够有效提升畜禽生长性能与健康状况，显著降低疾病风险，从而增加养殖收益。此类技术的普及既顺应了市场发展趋势，又为养殖业的可持续增长提供了有力支撑。

农业技术推广在顺应市场趋势的过程中，也着重于农业产业结构的调整与升级。借助先进农业技术与管理手段的普及，农业产业得以向高效、绿色及可持续的发展路径迈进。比如，普及设施农业与精准农业技术，能够显著提升农业生产效率和资源利用水平；推广循环农业与生态农业技术，则有助于维护农业生态平衡，推动其可持续发展。这些技术的广泛应用，不仅增强了农业产业的市场竞争力，还为农村经济的繁荣注入了新的动力。

其次，需求驱动是农业技术推广的内在动力。农户作为农业技术的最终接受者和实践者，其技术需求具有多样性和差异性。因此，农业技术推广要注重调研和了解农户的实际需求，根据农户的需求制定个性化的技术推广方案。这种基于需求导向的推广方式，能够有效激发农民的学习积极性和应用新技术的主动性，从而增强技术推广的精准度和实际效果。

在需求驱动的农业技术推广中，调研和了解农户的实际需求是首要任务。通过问卷调查、访谈交流等方式，我们可以深入了解农户的生产状况、技术需求、面临问题等情况。这些信息为制定个性化的技术推广方案提供了重要依据。例如，在推广高效节水灌溉技术时，我们需要了解农户的水源条件、灌溉设施、作物种类等情况，以便为其提供最适合的灌溉方案；在推广抗病虫害新品种时，我们需要了解农户的种植习惯、病虫害发生情况、防治经验等，以便为其提供最适合的品种选择和防治建议。

在需求驱动的农业技术推广中，示范、引导、激励等方式也是必不可少的手段。通过建立农业科技示范园、组织现场观摩会等方式，我们可以让农户亲眼看到新技术的实际效果和应用前景，增强其对新技术的信心和认同感。与此同时，借助技术咨询与培训指导等服务手段，我们能够助力农户攻克在新技术应用过程中所遭遇的难题，进而提升其运用新技术的技能与效能。此外，通过给予资金补贴、政策优惠等激励措施，我们可以降低农户应用新技术的成本和风险，提高其应用新技术的积极性和主动性。

市场导向与需求驱动作为农业技术推广的双轮驱动，共同推动着农业技术的不断发展和进步。在未来的农业技术推广实践中，我们应该继续坚持市场导向和需求驱动的原则，不断探索和创新推广模式和方法手段。同时，我们还要注重加强市场调研和需求分析工作，深入了解农户的实际需求和意愿；注重加强农业技术创新和研发工作，不断推出符合市场需求和农户需求的新技术、新产品；注重加强农业技术推广服务体系建设和完善工作，提高技术推广的覆盖面和实效性。通过这些措施的实施和完善，我们可以进一步推动农业技术的有效推广和应用水平提高，为促进我国农业持续健康发展做出更大的贡献。

三、注重实践与反馈

(一)实践：现代农业技术推广的基石

实践是农业技术推广的核心环节，它不仅是理论知识的应用，更是农户对新技术的亲身体验和感受。通过组织农户参与技术培训、现场观摩、实践操作等活动，我们可以让农户更加直观地了解新技术的原理、操作方法和应用效果，从而增强其对新技术的认同感和接受度。

技术培训是农业技术推广的基础性工作。通过邀请专家学者、技术人员等为农户授课，传授农业技术的理论知识和操作技能，我们可以帮助农户掌握新技术的基本要点和注意事项。技术培训的内容应涵盖新技术的原理、特点、适用范围、操作方法等方面，同时还应结合农户的实际情况和需求，进行有针对性的讲解和示范。通过技术培训，农户可以初步了解新技术的优势和潜力，为后续的实践操作打下坚实基础。

现场观摩是农业技术推广的直观形式。组织农户前往农业科技示范园、新品种试验田及新技术应用现场等地开展实地观摩学习，能够让农户直观地了解新技术的实际成效与潜在应用价值。现场观摩不仅可以增强农户对新技术的信心和认同感，还可以激发其学习和应用新技术的热情。在观摩过程中，农户可以与技术人员、其他农户等进行交流互动，分享经验、探讨问题，从而加深对新技术的理解和认识。

实践操作是农业技术推广的关键环节。通过鼓励农户将新技术应用于自己的生产实践中，我们可以让其亲身体验和感受新技术的实际效果和应用价值。实践操作不仅可以帮助农户掌握新技术的操作方法和技巧，还可以让其在实际生产过程中发现问题、解决问题，从而不断完善技术推广方案。为了促进农户的实践操作，我们可以设立农业科技试验田、新品种示范区等实践基地，为农户提供实践操作的平台和机会。此外，安排技术人员为农户提供“一对一”的指导与服务，能够精准解决他们在实际操作中遇到的各类问题，确保技术应用的顺利推进。

在实践过程中，农户的参与热情和主动性是推动技术落地的关键因素。只有让农户真正参与到技术推广的过程中来，我们才能让他们真正感受到新技术的优势和潜力，从而激发其学习和应用新技术的动力。因此，在农业技术推广过程中，我们要注重培养农户的参与意识和实践能力，通过组织技术培训、现场观摩、实践操作等活动，提高农户的科技素质和应用新技术的能力。

（二）反馈：现代农业技术推广的催化剂

反馈是农业技术推广过程中不可或缺的一环。通过收集农户对技术推广效果的反馈意见，我们可以及时了解技术推广过程中存在的问题和不足，为技术改进和推广策略的调整提供依据。收集和处理反馈信息对于优化农业技术推广模式及提升推广的精准度和实际效果极为关键。

问卷调查是获取农户反馈意见的有效途径之一。通过精心设计科学且合理的问卷，我们能够全面掌握农户对新技术应用效果的看法和建议。问卷内容应涵盖新技术的实用性、可操作性、经济效益、社会效益等方面，同时还应关注农户在技术应用过程中遇到的问题和困难。借助问卷调查，我们能够收集到丰富的第一手数据和信息，为技术优化及推广策略的调整提供坚实依据。

访谈交流同样是收集农户反馈的有效手段。通过与农户进行面对面的访谈交流，我们可以深入了解他们对新技术应用效果的感受和看法。访谈交流不仅可以获取农户的直观反馈意见，还可以发现一些问卷调查中难以发现的问题和细节。在访谈交流过程中，我们要注重倾听农户的声音和诉求，关注他们的实际需求和困难，为其提供有针对性的帮助和支持。

建立技术推广效果评估体系是收集和处理农户反馈意见的重要手段。通过制定科学合理的评估指标和方法，我们对技术推广的成效进行定量和定性分析，可以客观评价技术推广的效果和质量。评估体系应涵盖新技术的推广范围、应用程度、经济效益、社会效益等方面，同时还应关注农户的满意度和参与度等指标。构建并运用评估体系，能够迅速识别技术推广过程中出现的问题与短板，为技术优化和推广策略调整提供科学支撑。

召开技术推广工作总结会议是反馈信息处理的重要环节。通过总结会议的形式，我们可以全面回顾技术推广工作的进展和成效，分析存在的问题和不足，提出改进措施和建议。总结会议应邀请政府相关部门、科研机构、企业、农民合作组织及个体农户等多元主体参与，共同讨论和交流技术推广的经验和教训。通过总结会议的形式，我们可以促进不同主体之间的沟通和协作，形成推广合力，推动农业技术的广泛传播和深入应用。

反馈信息的收集和处理是一个持续不断的过程。在农业技术推广过程中，我们要注重建立反馈机制和信息处理平台，及时收集和处理农户的反馈意见，为技术改进和推广策略的调整提供有力支持。同时，我们还要注重加强不同主体之间的沟通和协作，形成推广合力，共同推动农业技术的持续创新和优化。①

四、强调创新与持续发展

(一)创新：现代农业技术推广的动力源泉

创新是驱动农业技术推广持续发展的核心动力。在科技迅猛发展与社会快速变革的背景下，农业技术不断更新迭代，涌现出诸多新技术、新理念和新模式。为了适应这些变化，农业技术推广模式必须与时俱进，持续创新，以更好地契合现代农业发展的需求。

首先，创新体现在农业技术推广模式的多元化探索上。传统的农业技术推广模式往往依赖于政府或科研机构的单向推广，这种方式虽然在一定程度上促进了农业技术的传播，但其效率和覆盖面有限。为了克服这一局限，我们可以探索建立农业技术推广服务联盟，整合政府、科研机构、企业、农民合作组织等多方资源，形成推广合力。通过联盟的形式，我们可以实现资源共享、优势互补，提高技术推广的效率和覆盖面。例如，我们可以建立农业技术推广服务平台，将各方资源汇聚于一体，为农户提供一站式的技术推广服务，包括技术咨询、培训指导、产品供应等。

其次，创新还体现在农业技术推广手段的现代化升级上。信息技术的飞速发展为农业技术推广开辟了新的路径。互联网、大数据和人工智能等现代技术手段，能够有效提升农业技术推广的效率和覆盖范围。例如，我们可以推行“互联网 + 农业技术”模式，通过搭建农业技术推广网站、微信公众号、移动应用程序等在线平台，以图文结合、生动形象的方式向农户传播农业技术信息。这些在线平台不仅可以提供丰富的技术资料、案例分享、经验交流等内容，还可以实现在线咨询、技术问答等互动功能，方便农户随时随地获取技术信息、解决技术难题。

最后，农业技术推广模式的机制创新同样至关重要。推广“产学研用”一体化模式，能够促进科研机构、高校、企业与农户之间的深度合作与交流，还可以加速农业科技成果的转化与应用。通过产学研用一体化模式，我们可以实现科技研发与实际应用的无缝对接，缩短科技成果从实验室到田间的距离。例如，我们可以建立农业科技创新园区或产业技术创新战略联盟，吸引科研机构、高校、企业等入驻，共同开展农业技术研发、成果转化和推广应用等工作。

---

① 马彩凤，何爱珍，范建立．现代农业种植与经济[M]．长春：吉林科学技术出版社，2023.

(二)持续发展：现代农业技术推广的长期目标

农业技术推广的长期目标在于实现可持续发展。这意味着我们在关注当前技术推广成效的同时，更要重视推广模式自身在未来持续发展的能力。通过建立健全农业技术推广服务体系、完善技术推广的政策法规和制度保障、加强技术推广的人才队伍建设和基础设施建设等措施，我们可以为农业技术推广的持续发展提供有力支撑。

首先，建立健全农业技术推广服务体系是持续发展的基础。服务体系应包括技术推广机构、技术推广人员、技术推广平台等多个方面。我们可以建立多层次、多渠道的农业技术推广机构网络，包括国家、省(自治区、直辖市)、市、县、乡五级推广机构，形成上下贯通、左右联动的工作机制。同时，我们应着重加强技术推广人员队伍建设，提升其专业素养和服务能力。通过开展培训、实施考核及建立激励机制等措施，充分激发技术推广人员的工作热情和积极性。此外，我们还要加强技术推广平台建设，包括建设农业技术推广网站、微信公众号、App等在线平台，以及建立农业科技示范园、新品种试验区等实体平台，为农户提供全方位、多层次的技术推广服务。

其次，完善技术推广的政策法规和制度保障是持续发展的关键。政府应出台一系列政策法规和制度措施，为农业技术推广提供有力保障。例如，我们可以制定农业技术推广法或相关条例，明确技术推广的目标、任务、责任主体和保障措施等；我们可以出台农业科技成果转化政策，鼓励科研机构、高校和企业将科技成果转化为实际应用；我们可以制定农业技术推广资金管理办法，确保技术推广资金的合理使用和有效监管。

再次，人才队伍建设和基础设施建设是实现农业技术推广可持续发展的关键环节。在人才队伍建设方面，我们可以通过培养、引进和激励等手段，充实技术推广人才队伍。例如，设立农业技术推广人才专项基金，用于支持推广人才的培训和进修；同时，建立完善的人才激励机制，对在技术推广工作中表现突出的人员给予表彰和奖励。同时，我们还要加强农业技术推广基础设施建设，包括建设农业技术推广中心、实验室、试验田等基础设施，提高技术推广的物质保障能力。

最后，提升农户的自我发展能力是实现农业技术推广可持续发展的关键。作为农业技术推广的最终受众和实践主体，农户的科技素质和新技术应用能力直接影响技术推广的成效与可持续性。因此，我们需要通过技术培训、教育引导等多种方式，增强农户的科技水平和新技术应用能力。例如，组织专家学者和技术人员为农户提供技术培训和指导；建立农业科技示范户制度，鼓励和支持具备条件的农户成为科技示范户，发挥其引领作用；此外，我们还可以开展农业科技知识普及活动，提升农户的科技意识和素养。

第三节　现代农业技术推广方式与方法

一、现代农业技术推广的基本方法

(一)现代农业技术推广方法的类型与特点

农业技术推广方法是农业技术推广人员与推广对象之间进行信息交流与沟通的手段。农业技术推广的具体方式丰富多样，其分类也较为复杂。依据受众范围和信息传播方式的不同，农业技术推广方法可以被划分为三大基本类型：个别指导法、集体指导法和大众传播法。

1. 个别指导法

个别指导法是一种农业技术推广方法，即推广人员在特定时间和地点与个别推广对象进行沟通，围绕共同关心的问题展开讨论，并为其提供相关信息与建议。其主要特点包括：针对性强，农业技术推广对象的需求存在显著差异，个别指导法通过推广人员与农民的直接面对面交流，能够精准解决农民的实际问题，具有高度的针对性，有效弥补了大众传播法和集体指导法的不足；沟通的双向性，推广人员与农民之间的沟通是直接且双向的，这不仅有助于推广人员及时获取反馈信息、了解真实情况、掌握第一手资料，还能促使农民积极与推广人员互动，更愿意接受其建议，从而培养双方的信任感，构建和谐的推广关系。① 个别指导法是推广人员与农民面对面的沟通，特定时间内服务范围窄，单位时间内发送的信息量受到限制，成本高、工作效率较低。在农业技术推广实践中，个别指导法主要有农户访问、办公室访问、信函咨询、电话咨询、网络咨询等形式。

(1)农户访问

农户访问是农业技术推广人员主动深入农户家中或田间地头，与农民进行交流互动，了解其生产与生活状况、需求及问题，并传递农业创新信息、分析并解决问题的过程。

农户访问的主要优势：推广人员能够直接从农户处获取第一手资料，确保信息的真实性和准确性；有助于与农民建立深厚的友谊，维护良好的公共关系，增强彼此的信任；更容易说服农户采纳新技术，推动农业技术的推广与应用；有利于发现并培育示范户和各类

① 宋文坚，鲁兴萌，张国平．高校农业技术推广模式与应用[M]．杭州：浙江大学出版社，2019.

义务领导者，发挥其引领作用；可以提升其他推广方法的效果，形成协同作用，促进整体推广目标的实现。其缺点在于费时，投入经费多，若推广人员数量有限，则不能满足多数农户的需要；访问的时间有时与农民的休息时间有冲突。

农户访问为农业技术推广人员提供了与农民深度沟通、建立良好关系的契机。鉴于其成本相对较高的特点，为提升效率，在访问过程中我们需精心规划并把握关键要点。

(2)办公室访问

办公室访问，也称为办公室咨询或定点咨询，是指推广人员在办公室内接待农民或其他推广对象的来访(咨询)，解答他们提出的问题，或向其提供相关的农业信息和技术资料。这种推广方式的优势在于：一是来访者通常具有较强的学习主动性和明确的需求；二是推广人员无须外出，节省了时间和资金，同时通过与来访者的交流，能够增进双方的了解和信任。然而，办公室访问也存在一些局限性：一是来访者数量相对有限，不利于新技术的快速、广泛推广；二是来访者的时间和问题较为分散和多样化，可能给推广人员的工作带来一定的挑战和不便。

来访者来办公室访问(咨询)总是带着问题而来，他们期望推广人员能给自己一个满意的答复。因此，搞好办公室访问除对在办公室提供咨询服务的推广人员素质要求较高外，还应该注意其对要领的掌握。①

(3)信函咨询

信函咨询是个别指导法中一种非常典型的方式，它通过发送信函来传递信息，具有不受时间和空间限制的特点。信函咨询曾经是推广人员和农民沟通的重要渠道。这些信函，尤其是手写的信函对于农民来说，不仅是一份与技术有关的信息，也是与推广人员形成亲密关系的表征。农民对这些认真写的信函会有尊重的心理，因而也有较好的推广效果。

在开展信函咨询时，我们需要注意以下几点：一是回答农民问题时应尽量使用准确、清晰且通俗易懂的词语，避免使用复杂的专业术语，确保字迹工整清晰；二是对农民的来信要尽快回复，以体现对咨询者的尊重和重视。

信函咨询在我国的应用相对较少，主要原因：一是部分农民的文化程度较低，这可能影响其对信函内容的理解和撰写；二是农业技术推广人员回复信件需要花费较多时间，导致效率相对较低；三是函件邮寄过程可能较长，影响信息的及时传递；四是随着通信技术的发展，信函咨询的成本逐渐增加。随着农业生产的多样化和产业化，每个推广人员要面对的推广对象更多，手写信函几乎成为不可能，而印刷信函不太能够得到农民重视，印刷信函也不太有针对性。另外，随着电视、电话和网络的普及，乡村邮路变得越来越被边缘化。

---

① 高博文．农业经济的发展与管理研究［M］．长春：吉林出版集团股份有限公司，2023.

(4)电话咨询

电话咨询作为一种便捷、快速的沟通方式，在通信发达的地区被广泛应用。然而，它也受到一些限制：一方面，电话通话费用可能较高；另一方面，由于沟通仅通过声音进行，缺乏面对面交流的直观性。随着通信技术和网络技术的发展，运用电话不但可以进行语音咨询，而且也可以通过手机短信和手机彩信咨询。

(5)网络咨询

网络咨询不仅可以促成个人与确定个人通过网络联系(例如电子邮件、在线咨询)，而且也可以进行个人和不确定个人的在线咨询，例如通过网络发布求助信息，可以获得别人的帮助。不同地区、不同类型的农业生产经营者在年龄、文化程度及对新事物的接受能力等方面存在显著差异，这也导致他们在接触和使用网络方面的情况各不相同。尽管如此，网络作为一种推广渠道的重要性正在不断提升，其在农业技术推广领域的应用前景广阔，未来将成为农业技术推广的重要手段之一。

2. 集体指导法

集体指导法亦称群体指导法或团体指导法，是指推广人员在特定时空范围内，针对具有相似需求或问题的多个受众进行统一指导与信息传递的方式。该方法实施的核心在于科学组织和合理分组。通常而言，具有共同需求和利益诉求的群体更适合采用这种指导方式。

集体指导法的主要特征：一是指导对象广泛，推广效率高。作为一种小群体活动，集体指导法能够在较短时间内将信息传递给大量目标群体成员，有效提升推广效率。二是易于双向沟通，反馈及时。推广人员与目标群体成员能够面对面交流，信息反馈迅速。在沟通过程中，若出现任何问题，可以及时获得反馈，推广人员能够据此采取相应措施，确保农民真正理解和掌握所推广的农业创新技术。三是共同问题易于解决，特殊需求难以兼顾。集体指导法的内容通常围绕目标群体内大多数人共同关心的问题展开，能够有效解决普遍性问题。然而，对于群体内少数人或个别成员的特殊需求，这种方式往往难以及时满足。

集体指导法的形式很多，常见的有短期培训、小组讨论、方法示范等。

(1)短期培训

短期培训是根据农业生产和农村发展的实际需求，组织推广对象进行的短期脱产学习活动。其内容通常涵盖实用技术培训、农业基础知识培训、就业技能培训及社区发展培训等多个方面。要提高农业技术推广短期培训的效果，关键是要做好培训前的准备工作及在培训过程中选好、用好具体的培训方法。

(2)小组讨论

小组讨论可以作为短期培训的基本方法之一，也可以单独作为农业技术推广的方法使用。小组讨论是由小组成员就共同关心的问题进行讨论，以寻找解决问题方案的一种方法。小组讨论可以促进互相学习，加深小组成员对所面临的问题和解决方案的理解，促进组员合作，使组员产生归属感。这种方法的好处在于能让参加者积极主动参与讨论，同时可以倾听多方的意见，从而提高自己分析问题的能力。[①] 不足之处是费时、工作成本较高，效果往往在很大程度上取决于讨论的主题和主持人的水平。如果人数太多，效果也不一定理想。

(3)方法示范

方法示范是推广人员把某项新方法通过亲自操作进行展示，并指导农民亲自实践、在干中学的过程。农业技术推广人员通过具体程序、操作范例，使农民直接感知所要学习的技术的结构、顺序和要领。适合用方法示范来推广的，往往是能够明显改进生产或生活效果、仅靠语言和文字不易传递的可操作性技术。例如果树嫁接技术、家政新方法等。方法示范能够有效激发农户的学习兴趣，提高其参与积极性。

成果示范则是指推广人员指导农户将经过本地验证的新品种或新技术按照规范要求进行应用，通过展示其优越性和实际效果，吸引其他农户关注并效仿的过程。适用于成果示范的通常是一些周期较长、效益显著的新品种、新设施和新技术及社区建设的新模式等。成果示范可以起到激发农民的作用，避免"耳听为虚"，落实"眼见为实"，真正体现出新技术、新品种、新方法的优越性，引起农民的注意。

成果示范的主要形式包括农业科技示范园区示范、特色农业科技园区示范基地示范及农业科技示范户示范等。成果示范的基本要求是：经过适应性试验，技术成熟可靠；示范成果的创新程度适宜，成本效益适当；有精干的技术人员指导和优秀的科技示范户参与；示范点要便于参观，布局要考虑辐射范围。

3. 大众传播法

在农业技术推广中，大众传播法是指推广人员将农业相关信息经过筛选、整理和加工后，借助大众传播媒介传递给推广对象的一种方式。大众传播媒介种类繁多，传统上可分为印刷类和电子类两大类。结合农业技术推广的特点，我们可将其进一步划分为纸质媒介、电子媒介和网络媒介三大类型。大众传播法具有以下基本特点：信息来源权威、内容覆盖面广、传播速度快、单位成本低及信息传播的单向性。

(1)农业技术推广中大众传播法的主要应用范围

大众传播法被广泛地应用于农业技术推广的各个领域，包括技术推广、家政推广、经营服务和信息服务等。

在当前的农业技术推广实践中，大众传播法的主要应用领域：向农民群体推介现代农

---

① 李绍立，杜玉平，韩少卿．农业技术与农村财务管理[M]．天津：天津科学技术出版社，2023.

业技术、创新产品和科研成果，展示新型生产生活方式，帮助其认识新事物的特征与价值，从而激发参与热情；传递具有广泛适用性的实用信息，涵盖家庭管理与农业生产技术等领域；及时发布市场动态、气象预报、病虫害预警及灾害警报等时效性信息，并提供相应的预防方案；针对农民普遍关注的生产生活问题提供专业咨询服务；普及涉农政策法规知识；分享推广成功案例，扩大示范效应。

(2)农业技术推广中大众传播媒介的主要类型

1)纸质媒介

纸质媒介是一种以纸张为载体，通过印刷(或手写)记录信息的传播方式，主要依赖纸质印刷品来传递信息。农业技术推广中，经典的纸质媒介可以分为单独阅读型纸质媒介和共同阅读型纸质媒介两类。

单独阅读型纸质媒介包括正式出版的书籍(例如教材、技术手册、技术推广丛书等)、各种培训资料、期刊及“明白纸”、传单、说明书等。

共同阅读型纸质媒介，指在公众场合使用的一类文字、图画等信息传递工具。共同阅读型纸质媒介也不一定是印刷在纸面上的，也可以写在黑板上，或者贴在白板上。这一类媒体最好设在村委会外面的公示栏里、集贸市场的墙上、公交车站等人群或人流量较多的地方。

2)电子媒介

电子媒介是指运用电子技术、电子技术设备及其产品进行信息传播的媒介。在农业技术推广中，电子媒介主要是听觉媒介和听视觉兼备的电视媒介。此外，手机在一定意义上讲也可列入此类。

3)网络媒介

网络媒介是一种以电信通信设施为传输基础，以多媒体计算机为信息收发终端，通过网络技术连接而成的综合性媒介形式。从功能上看，网络媒介兼具大众传播媒介的广泛性及人际传播或组织传播媒介的互动性。

网络媒介具有时效性强、针对性强和交互性强的特点，日益成为农业技术推广极其重要的渠道。

(二)现代农业技术推广方法的选择与应用

每种现代农业技术推广方法都具有其独特的优势和局限性。现代农业技术推广本质上是推广人员与推广对象之间的沟通过程，而沟通的效果与沟通内容的选择以及沟通方法的运用密切相关。① 因此，在特定的农业技术推广场合，我们应该注意合理选择和综合运用

① 朱静，刘要辰，肖颖．农业发展与现代化技术应用研究[M]．长春：吉林科学技术出版社，2023.

多种农业技术推广方法。具体而言，在选择和运用农业技术推广方法时，我们至少需要考虑以下几个方面。

1. 考虑农业技术推广要实现的功能与目标

农业技术推广的核心功能在于提升推广对象的知识与信息水平，增强其生产与生活技能，转变其价值观念、态度和行为模式，并提升其自我组织与决策能力。任何农业技术推广方法的选择和使用，都要有助于这些功能及具体目标的实现。在农业技术推广实践中，每个特定的农业技术推广项目可能只涵盖一种或几种农业技术推广功能与目标，也就是说，每一次具体的农业技术推广工作要达到的目的会有所侧重，而每种农业技术推广方法都有不同的效果，因此我们要使选择的方法与推广的功能与目标相匹配。

2. 考虑所推广的创新本身的特点

在农业技术推广实践中，我们应当针对所传播的某项创新的特点，选用适当的推广方法。例如，对可试验性及可观察性强的创新，应用成果示范的方法就比较好，对于兼容性较差的技术创新项目，我们就应当先考虑能否综合运用小组讨论、培训、访问、大众传播等方法使人们增进知识、改变观念。在农业技术推广过程中，技术的复杂性是一个重要的考量因素。对于简单易学的技术，通过课堂讲解和示范展示，推广对象通常能够较为轻松地理解和掌握。然而，对于复杂且难以理解的技术，我们则需要综合运用多种推广方法，例如农户访问、现场参观、播放录像及开展技能培训等。这些方法可以同时刺激推广对象的多种感官，从而帮助他们更好地学习、理解并掌握相关技术。

3. 考虑创新在不同采用阶段的特点

针对推广对象在创新采纳过程中的阶段性特征和心理变化，我们应采取差异化的推广策略。在认知阶段，我们宜采用大众传播手段，借助多媒体平台、示范展示及专题活动等方式扩大创新技术的知晓度。当推广对象产生兴趣时，我们可结合个别指导、群体讨论等方法，深入解答疑问，强化其认知和信心。在评估阶段，我们则应通过实地示范、案例分享、互动讨论等多种形式，帮助推广对象全面评估创新技术的实用性和预期收益。同时，针对不同推广对象的具体情况，提供个性化的分析和指导，帮助其做出合理的决策和规划。进入试验阶段，推广对象需要对创新技术进行小规模试用。此时，推广人员应提供一对一的指导，确保推广对象能够获得必要的试验技术支持，如准备试验田、组织参观学习等，并加强现场巡回指导，帮助推广对象避免试验过程中可能出现的失误，确保试验取得预期效果。在采用阶段，推广对象开始大规模应用创新技术。推广人员需继续提供技术指导，帮助推广对象总结经验，提升技术水平，同时，我们还要尽量帮助推广对象获得生产物资及资金等经营条件及可能的产品销售信息，以便稳步地扩大采用规模。

4. 考虑推广对象的特点

农业技术推广对象在个体特征上存在诸多差异，包括年龄、性别、文化程度、生产技能和价值观等。这些差异导致他们在接受新知识、新技术和新信息的能力上各有不同。因此，在开展农业技术推广活动时，我们必须充分考虑推广对象的个体特点，并根据这些特点选择合适的推广方法。

进一步而言，根据采用者的创新性，我们可以将推广对象分为五种类型：创新先驱者、早期采用者、早期多数、后期多数和落后者。不同类型采用者对推广方法的需求也有所不同。研究表明，对于较早采用新技术的群体(如创新先驱者和早期采用者)，大众传播法往往比人际沟通法更为重要，而对于较晚采用新技术的群体(如后期多数和落后者)，人际沟通法则更为关键。一般而言，创新先驱者采用创新时，在其社会系统里找不出具有此项创新经验的其他成员，对后来采用创新的人不必过多地依赖大众传播渠道，是因为到他们决定采用创新时，社会系统里已经积累了比较丰富的创新经验，他们可以通过人际沟通渠道从较早采用创新的人那里获得有关的信息。人际沟通对较早采用者相对而言不那么重要的另一种解释：较早采用者尤其是创新先驱者一般富于冒险精神，因此大众媒介信息刺激足以驱使他们做出采用的决定。较早采用者比较晚采用者更多地利用来自其社会系统外部的信息。这主要是因为较早采用者比较晚采用者更具有世界主义的特征。创新通常是从系统外部引入的，较早采用者更倾向于依靠外部沟通渠道，他们同时为较晚采用者开辟了人际沟通渠道和内部沟通渠道。

5. 考虑推广机构自身的条件

推广机构的资源条件，如推广人员的数量与素质、推广设备的先进程度及推广经费的充裕程度，都会直接影响其开展工作的具体方式、方法和最终效果。经济发达地区的推广机构通常拥有较为充足的经费和先进的设备，因此更倾向于采用大众传播等推广手段；而经济欠发达地区的推广机构由于受到财力和物力的限制，往往主要依赖个别指导法及对设备要求不高的集体指导法。在当前推广人员数量普遍不足的情况下，电信和网络等现代化推广手段是一种较为理想的选择，但同时我们也需要相应的服务能力和服务条件予以支持。

二、现代农业技术推广方式

(一)教育式农业技术推广

教育式农业技术推广运用信息传播、人力资源开发、资源传递服务等方式，促使农民自愿改变其知识结构和行为技巧，帮助农民提高决策能力和经营能力，从而提高农业和乡村的公共效用和福利水平。教育式农业技术推广服务以人为导向，以人力资源开发为目标，注重培养农民在不同情况下应对和解决问题的能力。

目前，根据教育服务机构的不同，教育可以分为正式教育、非正式教育和自我教育三类。非正式教育通常也被称为成人教育或继续教育，而农业技术推广大多属于非正式教育范畴。教育式农业技术推广与一般推广工作存在显著差异：首先，在工作目标方面，由于政府肩负着对农村居民进行成人教育的责任，教育式农业技术推广的核心目标具有明确的教育属性。其次，在教育形式和内容上，教育式农业技术推广的计划通常以成人教育的形式呈现，其教育内容主要侧重于知识性和技术性内容。最后，鉴于教育式农业技术推广的功能与大学及科研机构相似，都致力于将专业研究成果和信息传播给社会大众以供其学习和应用，因此教育式农业推广中的大部分知识源于学校内的农业研究成果，并且教育式农业技术推广组织往往是农业教育机构的一部分或其附属单位。

1. 教育式农业技术推广的优点

教育式农业技术推广的核心在于通过有组织的推广活动，实现对农民人力资源的开发，其工作方法丰富多样且灵活实用。在农业技术推广过程中，人们可以将多种教育式方法与农业技术推广工作相结合，利用各类灵活的教育式手段，例如成人教育、大学推广、社区发展与乡村建设等，帮助农业技术推广工作顺利进行。教育式农业技术推广凭借长期以来的人力资源开发训练，能够使农民具备独立生存的技能，并将农民培养成拥有自主决策能力的经营主体，从而自发性地、根本地带动农业发展。也就是说，通过教育式农业技术推广开发农民人力资源的立意，是将农民视为一个独立完整的经营个体，培养农民的经营能力，创造其为自己谋利的最佳条件，从而能够长久而稳固地奠定农民生存和经营的基础。同时，在这个推广过程中，高校、科研机构与农村之间能够实现优势互补和成果共享，因此，教育式农业技术推广不仅使农民获益，而且对于推广过程中的各参与主体都有很大帮助。

2. 教育式农业技术推广的局限性

尽管教育式农业技术推广内涵丰富，对于农民、农业的高效和可持续发展有重要意义，但也有一定的局限性。

首先，改变过程漫长而艰辛。相比行政式农业技术推广的强制性和权威性力量、服务式农业技术推广的内在激励机制，教育式农业技术推广在短期内不易有立竿见影之效，而农民的生计问题却是紧急而迫切的，因此，怎样平衡好短期与长期的关系对于教育式农业技术推广来说是一个重大挑战。

其次，推广人员的能力素质和资源配置水平有待提高。教育式农业技术推广方式的实施离不开高素质的推广人员，然而实践中，推广人员的教学能力和资源配备水平参差不齐，不同目标群体的教育需求也存在较大差异，这都使得教育式农业技术推广工作在实施过程中困难重重。同时，我国农业技术推广体系对高等农业院校的潜在价值认识不足，导致高校相关资源未能得到充分利用。目前，高校推广组织体系的建设面临诸多挑战，主要表现为责任主体界定不清、机构设置缺乏规范，存在管理重叠和真空现象。部分院校将教学职能与推广职能混淆，这种状况严重制约了推广工作的有效开展。

最后，社会对教育式农业技术推广工作的期望越来越高。第一，从推广对象的范围来看，农业技术推广的对象范围在不断扩大。第二，教育式农业技术推广的功能也扩大了，学者现在越来越倾向于认为教育式农业技术推广具有三大功能：教育性功能，培养农民经营农场和处理事务的能力；社会性功能，培养优秀公民，引导乡村居民参与公共事务和增进农民福利；经济性功能，降低生产成本，提高农业生产率，促进农业发展，提高农民收入。但从目前的情况来看，当前的教育式农业技术推广工作还难以满足农民和消费者对其要求。

(二)行政式农业技术推广

行政式农业技术推广是指政府推广部门利用行政手段开展的农业技术推广，是政府运用行政和立法权威实施政策的活动。行政式农业技术推广工作是农业技术推广人员或农业行政人员依据法律法规和行政命令，让农户了解并实施有关农业资源使用和农产品价格保护措施，从而实现农业发展目标的过程。①

从全球来看，农业技术推广功能与政府的农业施政有着密切的关系，尤其是对于发展中国家来说，农业发展是整个国民经济的基础，粮食是重要食物，农业部门内部就业岗位较多，政府有足够的内在激励机制助力农业发展。而采用行政式农业技术推广能够有效规范农业生产行为，实现农业发展的各项目标，从而更好地进行宏观调控。因此，绝大多数国家的政府部门都在本国的农业技术推广活动中起主导作用，并对各级农业技术推广机构的活动进行直接干预。在20世纪90年代之前，全球多数国家的农业技术推广经费和推广服务主要由政府推广机构承担，形成了以政府推广机构为核心的主导模式。这种模式的显著特征是，农业技术推广体系隶属于政府农业部门，各级农业技术推广工作由农业部门下属的推广机构负责组织、管理和实施。

1. 行政式农业技术推广的优点

由于行政式农业技术推广大多由政府主导，因此其在资源利用、执行力度和宏观调控等方面具有其他方式无法比拟的优势，具体可以表现为以下几个方面：行政式农业技术推广的内容是经过专家严格论证的，往往比较权威和可靠，并且自上而下的行政推广措施比

① 张承宇．互联网与中国农业农村现代化[M]．南京：东南大学出版社，2023.

较有力，能够有效保障推广内容的实施；政府拥有充足的推广资源和资金支持，能够运用政府力量干预农业生产活动，保证农业技术推广过程的连续性，例如，我国在基层大规模设置各级推广机构，可以将政府干预的触角延伸到几乎所有地区，这种高效的组织布局是其他私人组织和民办机构所难以做到的；行政式农业技术推广由政府制定规划，与国家总体的经济状况和宏观计划联系紧密，这在很大程度上有利于国家的宏观调控。事实上，很多时候基层农业技术推广人员和农民很难制定出有效的农业技术推广方案，而自上而下的行政式农业技术推广往往能够高效达到既定目标，行政式农业技术推广的强制性往往能减轻一些诸如自然灾害等不可抗力的影响，有效地达到推广目标，促进农业发展。

2. 行政式农业技术推广的局限性

行政式农业技术推广因其行政特点，一方面拥有其他推广方式无法比拟的优势，但另一方面也因为受工作方式、推广内容、资金条件等客观因素的限制，从而具有一定的局限性。

从工作方式上看，行政式农业技术推广是行政命令式的自上而下的推广模式，这种单向传递模式常常采用“输血式”推广方式，容易导致目标群体对政府推广部门的依赖性，削弱他们自身的潜力，不利于发挥目标群体的主观能动性和生产积极性，最终导致事倍功半。

从推广内容看，推广计划、项目决策等是由中央政府及相关行政部门自上而下制定和实施的，较少考虑不同地区的自然和社会经济条件差异及目标群体的特定需要等问题，往往不能做到因时制宜、因地制宜，从而导致推广内容与农业发展需求脱节。此外，在行政式农业技术推广模式下，由于广大农业技术采用者往往处于被动接受的地位，缺乏主动参与的动力，导致推广过程中各参与主体的积极性不足，进而影响了整个推广工作的效率和效果。

从资金条件看，行政式农业推广对资金的要求很高，而农业技术推广资金不足一直被放在农业推广问题的突出位置。农业技术推广领域的财政支持力度不足已成为制约其发展的主要瓶颈。资金短缺导致推广工作稳定性下降，推广人员因经济压力难以全身心投入工作，影响了推广效果。自 20 世纪 90 年代起，全球农业技术推广体系改革呈现出政府投资逐步缩减的趋势。然而，发展中国家为降低财政赤字而采取的紧缩政策，不仅限制了农业技术推广领域的投入，也延缓了市场化服务机制的建立。

随着我国市场机制的建立，农民对市场信息的需求更加强烈，这意味着政府将从生产资料投入品的供应市场营销及农产品生产等经济活动中退出。目前，我国的农业技术推广体系正处于转轨阶段，面临诸多比较严重的问题，特别是基层农业技术推广体系在组织管理、人员结构、项目管理、推广方法、经费投入等方面的问题，这些都直接制约着农业科技成果的推广和转化。

第三章 农业产业化经营与农业技术推广

第一节 农业产业化龙头企业经营与农业技术推广

一、农业产业化龙头企业的概念

农业产业化的核心力量是龙头企业。这类企业通常以农产品生产基地为依托，通过与农户建立紧密联系，形成涵盖生产、加工、销售等环节的完整产业链，实现风险共担与利益共享。龙头企业不仅包括加工型企业，也涵盖流通型企业等，具备开拓市场、引导生产、加工转化及提供销售服务等多重功能。龙头企业贯穿一、二、三产业，包括种植、养殖、生产加工等农业企业，以及中介组织和专业批发市场等流通企业。相较于一般的工商企业，龙头企业肩负着更为重要的使命，包括市场开拓、科技创新、带动农户增收及推动区域经济增长等关键任务。它们在农业和农村经济结构调整中发挥着核心作用，助力商品生产的规模化发展，同时有效提升农业生产效率和农民收入水平。凡是具备市场拓展能力、能够对农产品进行深度加工、为农户提供综合性服务，并能引领大量农户融入市场的主体，均有机会申请成为龙头企业。

二、农业产业化龙头企业的行业分类

从行业分类的角度来看，农业产业化龙头企业根据其主营业务和农业产业结构，可以划分为五大类别：种植业、畜牧业、水产业、林特产业及其他相关行业。

种植业龙头企业主要围绕种植业产品展开一体化经营，涉及范围广泛，包括粮油食品、种子、蔬菜及其加工品、烟叶及其加工品、食用菌及其加工品、水果及其加工品、茶叶及其加工品、花卉及饲料等。

畜牧业龙头企业则以畜禽产品为核心，开展一体化经营，主要涵盖猪肉及其加工品、奶牛及乳制品、禽肉、禽蛋及其加工品，以及其他畜产品及其加工品。

水产业龙头企业以淡水或海水中的养殖和捕捞产品为基础，实行一体化经营，主要包括各类水产品及其加工品。

林特产业龙头企业以林产品为核心，开展一体化经营，涉及竹及竹制品、木材及木材加工品，以及其他林产品及其加工品。

此外，其他相关行业则包括未被上述分类涵盖的其他农业产品及其加工品。

三、龙头企业开展农业技术推广工作的动机

农业产业化龙头企业追求企业利润的最大化，开展农业技术推广的最大目标也是如此，对企业发展有利的举措，企业都可能会采取。

在龙头企业的发展中，其技术效率的高低对运营效益有着至关重要的作用。相关研究指出，龙头企业经营效益不佳的主要根源在于纯技术效率的不足，而非规模效率的缺失，增加农业技术的研发投入和提高劳动效率是企业经营效率提升的重要措施。企业经营效率的高低影响着企业利润。所以作为农业发展主要助力器的农业技术，更是龙头企业长效发展、提升经营效益的重要支撑。推广农业技术有利于提高龙头企业的核心竞争力。将农业技术作为企业发展的武器，将技术渗透到产业化经营的多个环节，能更好地“打磨”农产品，“打响”企业品牌，提高企业经营效率与效益。

企业通过交易获取利润，而龙头企业在农业科技推广服务上的投入基于一个核心条件：只要推广服务能够促进其商品交易并带来利益，企业就愿意进行投资，其终极目标是提升经济效益。农产品加工企业为了确保获得稳定、标准化、市场化且质量合格的原料或农产品，会向农民提供全面的技术服务，并按照规范的操作流程对农户进行技术指导，帮助农民更好地融入市场，从而推动新技术的广泛应用。贸易型企业凭借自身的信息资源优势，整合从事专业化生产的农户，通过技术引进、开发、示范推广及专业培训等手段，确保农产品符合贸易标准。农业生产资料生产型企业则通过提供技术服务来推广产品，例如饲料企业为养殖户提供养殖技术及疫病防治指导。

推广农业技术有助于降低企业经营成本，从而获取更大的利润。龙头企业将农业技术用于农业产业化的经营过程，在一定程度上能降低支付给体力劳动者的成本，还能够有效地加强对农产品的质量安全监控，把好产品的质量关，确保产业化经营的安全性，继而有更大的机会占领消费者市场。同时，将农业技术向农户、家庭农场、农业专业社等主体进行推广，可以帮助他们增收致富，继而获取并增进相互间的信任，增进龙头企业与不同主

体的利益联结机制，为日后的农业产业化经营打下良好的基础。①

市场要求龙头企业开展农业技术推广。在社会市场经济的大环境下，企业的产品也面临优胜劣汰的残酷局面，只有有竞争力的产品才能获得消费者市场。这就要求龙头企业采用高新技术调整产品结构，提高生产效率，满足国际国内市场需求，求得企业生存与发展。为此，龙头企业必须积极地、主动地将农业技术推广给农产品的提供者、加工者等产业化经营过程中的主体，以保障企业生产出的商品质量。

四、农业产业化龙头企业开展农业技术推广工作的环境分析

（一）农业产业化龙头企业开展农业技术推广工作的内部优势分析

想分到市场的“大蛋糕”，就需要围绕市场需求进行发展，根据消费者的“口味”提供相应的农产品。农业产业化龙头企业为了生存，为了获得利润，更有心思开展农业技术推广工作，以提高产品的质量。与其他主体如政府、农户和科研单位相比，企业通常具有更强的市场把控能力，对市场变化更为敏感，并具备一定的风险降低能力。

雄厚的资金是龙头企业开展农业技术推广的重要基础。开展农业技术推广工作需要消耗大量的资金，但往往只是占龙头企业的百分之几，这对于企业来说并不多，但其产生的经济效益往往很大。

较大的企业都有自己的研发力量，并拥有自己的核心技术。结合企业及其他合作者的需求进行专业技术的研发、利用与推广，能加大龙头企业在市场竞争中的优势。

作为农业产业化发展的引领者，龙头企业具备先进的生产设施和技术水平。这类企业处于创新发展阶段，拥有优越的经营条件和信息渠道，为提升经济效益，它们积极进行技术创新并承担风险，成为新技术的重要来源。从创新采纳理论来看，龙头企业属于创新先驱或早期采纳者群体，不仅推广自主研发成果，还率先应用科研院所和高校的科技成果并进行示范推广。

龙头企业的现代化管理经验可为农业技术推广工作提供有益借鉴。龙头企业往往采取科学的管理方式提高企业管理效率，在管理方面较有优势，对于其开展农业技术推广工作也有一定的促进作用，尤其是在农业技术推广的多元沟通管理方面，协调农户与企业间的关系。企业在技术应用上通常有明确的标准，其提供的技术服务较为统一和规范，这有助于改变农民传统的松散、自由的生产方式。此外，农业技术推广的内容由龙头企业自行组织和决定，相较于政府推广机构，其流程更为简洁。

龙头企业领导者的爱农助农思想有利于农业技术推广工作。很多龙头企业的领导者心

① 谢瑾岚．数字时代大国农业供给结构重塑［M］．广州：中山大学出版社，2023.

中有农，依托龙头企业，大胆创新，大胆推动农业技术推广工作，向更多的农户、农民合作社等推介新型农业技术，借助农业技术发展农业、推动农业，为农业贡献出一份力量，这是龙头企业领导者勇担社会责任的最显著举措。

(二)农业产业化龙头企业开展农业技术推广工作的内部劣势分析

专业人才匮乏。人才是开展农业技术推广工作的宝贵资源，只有懂农的人才知道如何更好地开展农业技术推广服务，将农户的需求、企业合作伙伴的需求掌握在手，才可以提高龙头企业的产业化经营水平。企业自身的人才往往不能满足这一要求，龙头企业可以通过与高等院校、科研院所、科技组织等行业人才合作，发挥人才作用。

存在资金投入不足的情况。农业技术推广的创新工作开展与实施需要资金的支持，龙头企业在这方面投入的多少直接影响着企业的规模、受众与技术先进程度。

龙头企业与农户的信任合作关系会影响农业技术推广工作的进度。外来人进入农村社会，一开始较难得到村民的信任，尤其是涉及与农民利益相关的人员或企业。所以龙头企业需要花费一定的时间和精力与农民建立好关系，了解农户的真实情况与切实需求，这样才能更好地开展农业技术推广工作。

(三)农业产业化龙头企业在农业技术推广中的外部机遇分析

当前，农业技术推广的需求呈现多样化趋势。作为农业技术推广的重要推动者，龙头企业逐渐赢得了新型农业经营主体的信任。随着现代农业的快速发展，新型农民对技术价值的认识不断深化，他们更倾向于选择能够直接带来经济效益的实用技术。龙头企业在技术推广方面具备显著优势，拥有技术储备、服务能力和资源整合能力，能够为推广对象提供有偿服务，而这种有偿服务模式也逐渐被广泛认可。

搭建现代农业社会化服务体系，是加快农业现代化进程的关键一招。在我们国家，新型农业经营体系涵盖了家庭农场、大规模的种养大户、农民专业合作社，还有涉农企业等主体。把这些经营主体整合起来，以社会化服务网络作为依托，将合作经济组织当作载体，以龙头企业为核心引领，再联合其他社会力量作为补充，就能打造出一个把公益性服务和经营性服务相融合，让专业化服务和综合性服务相互协调的现代农业服务体系。这一体系的建立为涉农龙头企业开展经营性农业技术推广提供了重要发展契机。

(四)农业产业化龙头企业开展农业技术推广工作的外部威胁分析

龙头企业的市场预测能力存在差异。企业需具备敏锐的市场洞察力、前瞻性及应对风险的韧性，以实现有效的市场预测。以市场需求为导向是企业成功的核心，创新则是推动企业发展的关键动力。只有将市场需求作为衡量创新实用性的标准，企业才能获得竞争优势并提升经济效益。缺乏市场需求的新技术不仅无益，还可能阻碍企业的长期发展。因此，企业必须以市场需求为指引，全面优化技术、管理和体制，挖掘农业技术推广市场中现有的和潜在的需求，准确预测威胁与机遇，从而确保企业在竞争中立于不败之地。

农业技术推广领域的法律法规不完善，对龙头企业开展相关工作产生了阻碍。缺乏法律保护，龙头企业的自主研发成果容易被非法仿制，导致企业投入的资源付诸东流。这不仅打击了企业开发新技术的积极性，还严重阻碍了新技术的产生和推广。随着法律法规的不断完善，其不仅能为市场经济活动提供明确的法律依据，还能推动经济的繁荣发展。发展永无止境，立法亦需持续完善。只有将现代法治与市场繁荣深度融合，我们才能促进文明进步，实现企业与农户的双赢。

农业技术推广体系呈现多元化格局，对龙头企业形成潜在竞争压力。当前主要的推广主体可分为五大类别：政府主导型、教育机构型、科研机构型、合作组织型和企业主导型。政府主导型以官方设立的推广机构为核心；教育机构型主要包括农业高等院校和职业院校设立的推广部门，涵盖教育研究机构和科研实验室；科研机构型则由各级农业科研院所和专业研究机构设立的推广部门组成，主要面向农户和涉农企业开展推广工作。合作组织型是基于会员制原则建立的协作机构，如各类农民专业合作社；企业主导型则以涉农企业设立的推广部门为主体，通常以公司形式运作。这些多元化的推广主体在为龙头企业提供技术推广支持的同时，也在一定程度上形成了市场竞争压力。

第二节　农民专业合作社经营与农业技术推广

一、农民专业合作社与农业技术推广的关系

（一）农民专业合作社

农民专业合作社是基于家庭承包经营制度，由农产品生产者或农业服务的提供者与使用者自愿联合、共同管理的一种互助性经济组织。

此类合作组织主要面向其成员提供服务，业务范围涵盖以下一项或多项：涵盖农业投入品的采购与使用；农作物的种植、销售、加工、运输、仓储及相关配套服务；传统农村手工艺品的开发与推广；休闲农业和乡村旅游项目的策划与运营；以及为农业生产经营提供技术支持、信息服务、基础设施建设与运营管理等多领域的服务内容。

(二)农民专业合作社与农业技术推广的内在联系

农民专业合作社的稳健发展是提升成员收入的关键支撑，同时也是推动农业技术传播和应用的重要平台。合作社可借助自身资源与组织优势，积极引入农业技术，打破发展限制，促进自身创新与升级。

1. 农业技术应用促进农民专业合作社发展

(1)农业技术应用提升技术效率与生产效率

农民专业合作社由于成员众多，为新技术的推广和模仿学习提供了便利条件。当合作社通过外部合作引入优良品种及生产管理技术后，其凭借组织优势和内部治理机制，能够快速将这些技术在成员中推广。在此过程中，个别农户在生产实践中积累的经验及对技术的改进，可通过合作社内部的交流与分享机制在全体成员中传播，形成技术外溢效应。这种效应促使农业技术扩散加速并呈现“倍增”趋势，进而有效提升了农民专业合作社的技术效率和生产效率。

(2)农业技术应用助力经营利润提升

农民专业合作社想要实现长久稳定发展，稳定的利润来源必不可少，这也是合作社得以存续和壮大的根基。在农业领域，广泛应用各类农业技术，不仅能让农产品的产量显著提高，质量也更上一层楼。随着农产品品质提升，其在市场上更受欢迎，价格也随之上涨，利润自然水涨船高。如今，经济发展迅速，城乡居民的收入普遍增多，消费能力变强了，消费结构也在不断优化升级。一旦农产品的品质获得消费者的认可，“优质优价”这个市场理念就会逐渐被大家接受。虽说应用农业技术前期得投入一定资金，但它能大幅提升生产效率，增加产量，改善产品质量，让农产品在市场上更具竞争力，能卖出更高的价格。农产品售价提高加上产量增加，这些收益远远超过了技术应用的成本，为合作社带来丰厚利润，为合作社的持续发展提供了稳固的物质基础。

(3)农业技术应用助力资源配置效率提升

组织工作是管理的基本工作之一，主要目标是完成既定任务。农民专业合作社依据生产流程的实际情况，科学规划组织架构，合理设置岗位、安排人员，清晰界定各部门和岗位的职责与权限，以此达成内部的高效分工与协作。作为现代农业经济组织的重要类型，合作社持续引入和应用先进农业技术，能根据技术需求优化部门设置和资源配置，从而提高整体运营效率。以蔬菜种植来说，从品种挑选、育苗、定植，到田间管理，再到采收、分级包装及市场销售，每个环节的生产技术标准和措施都与上一环节紧密相连，也会直接影响下一环节的成效。所以，合作社可设立专门部门，负责现代农业技术的引进、创新、试验与推广，同时开展技术培训和对外技术合作。通过各部门明确分工、协同合作，保障生产技术标准和措施有效实施，让整个生产流程高效运行，资源配置更加科学合理。

综上所述，当农民专业合作社成功打造农产品品牌、提升品牌影响力并优化资源配置时，将在市场竞争中占据显著优势。这不仅有助于提高社员的经济收益，还能为合作社在适当时机实现转型升级奠定坚实基础。①

2. 农民专业合作社：农业技术推广与应用的关键载体

农业技术的应用是农业经济得以发展的根本动力源泉。小农户作为独立的生产单元，在基础生产活动中具备一定成效。然而，当涉及大市场流通及新技术的开发利用时，小农户面临着高昂的交易成本与信息获取成本，这就使得他们很难获取农业生产技术及相关技术的指导与支持。

农民专业合作社打破了传统农户各自分散经营的旧模式，采用规模化、组织化的种植方式，成为小农户与现代农业体系之间的关键纽带。作为维护农民利益的经济组织，合作社能更精准地把握社员需求，进而有效提升农业技术推广的效率，扩大推广覆盖范围。新技术从诞生到广泛应用，一般要经历漫长的过程。技术扩散指的是借助市场或非市场的渠道，让创新技术、产品被其他组织合法接纳并运用，这一过程呈现出技术在不同空间范围里传播、渗透与融合的动态。新技术成果只有在农业生产实践中得以传播、应用，其价值才能充分展现出来。而农业技术要想成功推广应用，必须历经严格的试验和示范阶段，以此验证它的先进性和适应性，获得大家的广泛认可。

对于小农户而言，土地经营的碎片化、经营的分散性、行为的随意性、观念的保守性及视野的局限性等特点，使得他们在接触和应用农业技术方面往往缺乏积极性与机会。与之相比，农民专业合作社将分散的农户凝聚在一起，催生出一股自发且有序的集体力量。这种组织特性赋予合作社独特优势，在推进农业技术扩散和应用进程中，能够更高效地助力新技术传播开来，实实在在地应用到农业生产中。

(1)有利于提升农业技术推广效率

农业技术的试验与示范规模往往受到环境条件的制约，其规模大小不仅直接影响试验结果的可重复性，还在很大程度上决定了潜在用户对该技术的信任度。农民专业合作社的成员规模差异较大，少则几人，多则上百人，其经营的土地面积可达数百甚至上千亩②。这种人员与土地规模的优势，在农业技术从研发、创新到试验、示范再到推广的整个过程中，显著降低了成本并提高了效率。相比之下，传统农户分散且零碎的耕作模式，使得农业技术信息的传播成本大幅增加，难以形成规模效应。与之相反，合作社凭借自身的规模优势，拓宽了技术信息的传播范围，不仅能让信息快速传播，还能精准地抵达目标受众。正因如此，将农民专业合作社视为新品种与新技术进行试验、示范的场所，有着与生俱来的成本和效率优势。这种优势，对于农业技术的发明者、创新者、持有者及推广者而言，

① 闫文，唐磊，王旭鹏．现代农业规划编制理论与实践[M]．长春：吉林大学出版社，2023.

② 1亩≈0.0667公顷。

无疑有着巨大的吸引力。

(2)有助于降低农业技术推广成本

农民专业合作社作为连接小农户与大市场的重要桥梁，相较于其他经营主体，具备独特的优势。农民专业合作社保留了社员作为最小生产单元的高效运作模式，社员在各自生产环节能够灵活、高效地开展劳作，同时巧妙地弥补了小农经济缺乏组织性的短板。在当下的市场经济环境中，合作社的生产目标始终与市场需求紧密相连，时刻关注市场动态，以销定产。毕竟它关乎众多社员的切身利益，所以在面对复杂多变的市场环境时，合作社在农业技术培训、技术合作及技术创新等方面的需求，相较于分散的农户而言，更具针对性，也更为紧迫。

从推广成本这方面考虑，科研院所和农资公司在把新技术、新产品推向市场时，需要和经济组织合作，这样能降低寻找合作对象的成本，还有谈判时所耗费的人力、物力与时间成本。农民专业合作社属于专业合作经济组织，在市场活动里，它能够迅速且高效地与大型企业建立合作关系，而在农业技术服务方面，也能和农技机构、科研院所顺畅地开展合作。所以说，在农业技术的推广和应用进程中，合作社靠着自身独特的组织优势，成了企业、科研机构眼中更具吸引力的合作对象。

(3)有助于扩大农业技术推广范围

对科研院所和农资企业来讲，农业科研成果能在多大程度上被推广应用，推广范围有多广，这与它们的生存发展息息相关。而推广成本高不高、效率怎么样，更是深刻左右着它们能不能实现可持续的健康发展。农民专业合作社是在农村社区扎根的经营性组织，在技术推广上有着与众不同的优势。一旦有个合作社采用了一项新技术，新技术的优势就容易成为社员们内部交流的热门话题。在中国乡村社会，技术信息的传播遵循着熟人社会的逻辑。合作社成员之间彼此熟悉，这种构成特点，让合作社在类似差序格局的关系网络里，能够像往平静湖面投下石子，激起的涟漪那样，把技术信息从内部逐渐向外部扩散开来。

借助熟人社会及农村社区中紧密交织的社交网络，技术信息很快会成为村民讨论的焦点，并在社区内迅速传播。与此同时，农民的从众心理也促使新技术和新品种得以快速应用。这种低成本、高效率的传播方式，是农民专业合作社区别于其他组织或个人的显著特征。

二、农民专业合作社农业技术推广发展的对策建议

(一)加强农民专业合作社的标准化建设

1. 提高对农民专业合作社的监管水平

农民专业合作社的健康发展离不开政府的有效监管与支持。为确保合作社的规范运

营，其一，应提高准入门槛。工商部门需严格审核合作社的登记注册流程，防止虚假注册或骗取政策资金的行为。其二，政府相关部门应定期开展全面的审计与监督工作，确保合作社的财务透明和运营合规。其三，建立健全退出机制。定期对当地合作社进行清理整顿，重点整治“空壳社”“挂牌社”，该注销的及时注销，该整改的立即整改。

2. 加强农民专业合作社的制度建设

首先，依据相关法律法规，结合当地实际情况，制定详尽且权威、有效、可靠的合作社实施规章制度。其次，提升组织建设水平，确保法律法规有效施行。坚决抵制和打击合作社内侵犯农户权益的行为，推动合作社走向规范化、法治化。最后，畅通利益诉求渠道。及时受理农户合理诉求，迅速解决问题，切实保障农户权益。

(二)提高农民专业合作社的服务和管理能力

1. 不断延伸服务范围，增强管理能力

管理经营者可借鉴国外先进经验，拓展服务领域，为农民提供更优质、高效、全面的服务。除传统的技术、信息及销售服务外，还应涵盖保险、信贷、教育等方面。鼓励和引导农民，丰富合作社类型，推动合作社重组、整合、转型与升级，提升服务质量。在此过程中，我们要确保合作社建设规范，增强经营管理能力。一方面，提高服务质量，引导符合条件的合作社建立生产基地，加强品牌建设，完善监管机制；另一方面，提升营销水平，协助农户选定目标市场，搭建高效营销网络，提高流通效率。

2. 加强培训指导，优化人才队伍建设

依据合作社的发展需求，秉持分类指导、分级负责及注重实效的准则，针对工作人员开展分层培训与引导。借助系统的宣传和培训举措，全方位提升工作人员的综合素养与服务能力。着重针对理事长等管理人员开展专业培训，以此强化合作社的经营管理水平。同时，强化对骨干成员的技术培训，提升他们的专业技能水平。除此之外，加大对以经管干部为主的基层业务辅导员的培训强度，增强其业务指导能力，从而为合作社的可持续发展提供强有力的人才保障。

(三)充分利用资源，构建多元化合作关系

农业技术丰富多样，从经济学的视角出发，我们能将其分为“非相容性使用技术”“共享性技术”及“俱乐部技术”这三大类。非相容性使用技术在使用时存在竞争性，并且具有排他性，这类技术由企业来供应是比较合适的；共享性技术有着公共物品的特性，更适合由政府来提供；而俱乐部技术，由农村专业技术协会或者农民组织来提供会更为恰当。所以说，农民专业合作社要想加快农业技术的应用和推广，就必须与外部的多个主体展开合作。

1. 与农业企业建立业务合作关系

农业企业在推动农业科技进步这件事上，发挥着关键作用。和合作社、家庭农场这些新型经营主体比起来，农业企业在研发上投入巨大，产品的科技含量很高，在市场中竞争力也更强。农业企业的技术大多融入在产品里面，属于那种“非相容性使用技术”，一个人使用了，其他人就不能同时使用，具有排他性。如今，众多农业企业不断推出新品种和新技术，在这种情况下，农民专业合作社有必要设立专门的技术信息部门，深入研究、探寻符合自身实际需求的生产管理技术。与此同时，其还要积极主动地与外部农业企业搭建合作关系，充分利用农业企业的技术优势，来提升自身的技术水平，完善经营管理能力。这样一来，合作社就能增强自身在市场中的竞争力，为消费者提供更多高品质产品，进一步扩大市场份额。

2. 与科研院所及公益性推广机构合作

农民专业合作社想要实现高质量发展，技术支撑必不可少。目前，不少合作社面临科技力量薄弱的难题，破解这一困境，关键在于与科研院所、公益性推广机构建立起紧密的合作关系。农业技术大多属于“共享性技术”，也就是大家都能使用，不具有排他性，这类技术的推广重任主要落在政府公益性推广机构肩上。就拿我国的科技特派员制度来说，在农村科技推广进程中，它确实发挥了重要作用，不过，部分科技特派员付出的增值服务，没能得到合理的补偿。鉴于此，合作社应当积极吸纳能力出众的科技人员加入，甚至鼓励他们来领办合作社，同时建立起紧密的利益联结机制，让大家成为“风险共担、利益共享”的共同体。这么做，一方面能极大地激发科技特派员创新创业的热情；另一方面，也能提升合作社社员的科技素质和经营能力，为合作社的可持续发展注入源源不断的动力，助力合作社在市场浪潮中稳健前行。

3. 加入农村专业技术协会

农业技术的掌握可不是一蹴而就的，得历经长时间的学习，积累丰富经验才行。虽说技术存在外溢效应，也就是会自然地向周围扩散，让别人也能接触到，但模仿者要想把技术学到精通，难度相当大。从经济学层面来讲，模仿者若想获取技术，要么得支付一定费用，要么就得加入“俱乐部”，去获取“俱乐部技术”。农村专业技术协会是由农民科技示范户和农村里的能人组建而成的，他们有能力提供“俱乐部技术”。对于农民专业合作社而言，除了组织社员在内部开展农业技术的学习和探讨，还得主动出击，积极加入相关的专业技术协会。在协会里，他们既能虚心学习借鉴别人的技术经验，取人之长补己之短，同时也能把自身的技术成果分享出去，实现共同进步。这不仅有助于降低市场交易成本，还能实现资源配置的帕累托最优，为合作社的技术创新和应用提供有力支持。

第三节　家庭农场经营与农业技术推广

一、家庭农场的基本内容

（一）家庭农场的概念

在农业领域，家庭农场作为一种新出现的经营主体，有着独特的模式。它主要依靠农民家庭成员来劳作，收入也大多源于农业经营。获取土地的方式是家庭承包或者土地流转，然后进行规模化、集约化、商品化的农业生产活动。这种模式保留了农户家庭经营的关键部分，让家庭经营在农业里的基础地位更加稳固，与农业生产的特点及当下经济社会的发展阶段都很适配。可以说，家庭农场是农户家庭承包经营的升级形式，现在已经成为带动适度规模经营、促进现代农业发展的关键力量。①

（二）家庭农场的特征

如今，家庭农场的运营核心大多是农民，抑或是长期扎根于农业生产一线的群体。其生产经营主要依赖自家成员，较少雇佣工人。家庭农场全身心投入农业领域，专注于种养业的专业化生产。农场的经营者通常接受过农业相关的教育，或者参加过专业技能培训，具备优秀的经营管理能力，在行业内示范带动作用显著，能够产出符合市场需求的商品化农产品。

家庭农场的经营规模把握得相当精准，其种养规模既与家庭成员的劳动能力、管理水平完美适配，又契合当地规模经营的具体标准。在收入方面，家庭农场的收益较为可观，基本与当地城镇居民的收入水平持平。不仅如此，家庭农场在土地产出率、劳动生产率及资源利用率上都表现出色。各地应结合自身实际情况，精准把握家庭农场的这些特点，引导其实现健康、有序发展。

（三）家庭农场的认定

中华人民共和国农业农村部特别强调，要积极探索并构建家庭农场管理服务体系。鼓励县级农业部门行动起来，建立起家庭农场档案，把每个家庭农场的基本情况详细记

---

① 孟海红，王艳芹．农业经济管理理论与实践研究［M］．长春：吉林人民出版社，2023.

录下来。同时，支持县以上的农业部门，根据当地实际，因地制宜地明确家庭农场的认定标准。这一标准要涵盖经营者资质，比如是否有农业相关经验和知识；劳动力构成，看家庭成员和雇工的情况；收入组成，分析农业收入占比等；经营规模，确定合理的土地面积、养殖数量等；还有管理能力，考量农场主的组织协调、市场判断等能力。另外，大力倡导各地积极开展示范家庭农场创建工作。把那些经营出色、管理规范的家庭农场挑选出来，建立示范家庭农场名录，并且向社会公布，让大家都能看到。通过这种方式，引导更多家庭农场朝着示范家庭农场的方向发展，不断提升自家的经营管理水平，推动整个家庭农场行业良性发展。

1. 家庭农场认定标准

家庭农场的认定没有唯一的标准，不同省市县都可以依据实际情况进行调整，可参考以下的认定标准进行自我预判。

土地流转需遵循双方自愿的准则，同时要依照法律规定签订土地流转合同。

在土地经营规模方面，若是经营水田、蔬菜和经济作物，面积需达到30公顷及以上；要是经营其他大田作物，面积则要达到50公顷及以上。并且，土地经营最好相对集中且连成一片。

土地流转时间：10年以上(部分地区要求5年以上)。

在投入规模方面，明确规定投资总额，这其中包括土地流转费用、农机具购置投入等各项开支，必须累计达到50万元以上。

与此同时，还需具备与创办专业农场发展需求相匹配的规划或章程。清晰界定家庭农场的认定标准，能够有力地纠正和规范一些不良现象。比如，部分主体单纯盲目地追求扩大土地经营规模，却忽视了家庭农场的本质特征；还有些将资本雇工农业伪造成家庭农场的行为。通过严格标准，我们能够杜绝“假冒”家庭农场的出现，这对于引导我国家庭农场沿着健康的轨道发展，无疑具有举足轻重的意义。

2. 需准备书面材料

申报人的身份证明，需提供原件及复印件；

填写专业农场认定申请及审批意见表；

提交土地承包合同；若为土地流转，则需提供经鉴证后的土地流转合同，同时附上公示材料；

专业农场的成员需出具各自的出资清单；

提供契合创办专业农场发展要求的规划或者章程；

其他需要出具的证明材料。

3. 家庭农场产业规模要求

种植业：需具备5年以上的经营流转期限，且集中连片的土地面积要达到30亩及以上。其中，种植粮油作物的面积在多数区域需达到100亩以上，部分区域为50亩以上；水果种植面积50亩以上；茶园面积30亩以上；蔬菜种植面积30亩以上；食用菌种植面积需达到1万平方米，或者数量达到10万袋以上。

畜禽业：生猪年出栏量需达到1000头以上；肉牛年出栏100头以上；肉羊年出栏500头以上；奶牛年存栏量在100~200头；家禽年出栏10000羽以上；家兔年出栏2000只以上。若从事其他特色种植养殖，年净收入要达到10万元以上。

水产业：经营流转期限需满5年，并且集中连片的养殖水面面积要达到30亩以上，特种水产养殖面积需达到10亩以上。

林业：山林经营面积需达到500亩以上；苗木花卉种植面积30亩以上；油茶种植面积80亩以上；中药材种植面积30亩以上。经营用材林地面积范围在200~5000亩；毛竹等经济林面积50~1000亩；花卉苗木、林下种植面积50~1000亩；林下养蜂数量在100~500箱；林下养殖蛙类数量在2万~10万只。

4. 家庭农场申报流程

申报程序：申请人向属地乡镇政府(街道办)提交申请材料，包括认定申请表、经营主体信息(从业人员构成、生产类型、规模、技术设备、经营状况等)、土地承包或流转协议等证明文件。养殖类申请者需额外提供《动物防疫条件合格证》。所有材料需准备原件及复印件各两份。

初审环节：乡镇政府(街道办)对提交材料进行初步审核，核对原件与复印件一致性，出具初审意见后报送县级农业主管部门。

审核阶段：县级农业主管部门对申报材料进行实质性审查，并开展实地核查，形成审核结论。

评审过程：县级农业主管部门组织专家评审，依据认定标准进行综合评估，提出最终认定意见。

公示程序：通过认定的家庭农场名单在县级农业信息平台公示，公示期不低于7天。

证书颁发：公示期满无异议的，由县级农业主管部门正式发文公布名单并颁发认定证书。

备案要求：县级农业主管部门将认定结果上报市级农业主管部门备案。家庭农场命名需严格遵守规定，必须包含“家庭农场”字样，并从以下四种格式中选择其一：①“行政区划+字号+家庭农场”；②“行政区划+字号+行业+家庭农场”；③“行政区划+字号+家庭农场+有限(责任)公司”；④“行政区划+字号+行业+家庭农场+有限(责任)公司”。规范的命名是申请各类补贴的必要条件。

(四)家庭农场补贴的基本要点

1. 家庭农场大额补贴申报的关键点

国家针对家庭农场的支持政策种类繁多，申报补贴时需根据家庭农场的具体类型进行分析。部分补贴适用于所有家庭农场，而休闲类家庭农场则有特定的补贴项目可供申请。

基础设施方面：所有家庭农场的基础设施建设均可与政府协商解决。需要注意的是，在建设前应与政府部门充分沟通，提前立项并汇报建设计划，以确保顺利获得相关配套设施支持。

休闲农业方面：一二三产业融合项目重点支持发展休闲农业的园区。国家和各省每年会评定休闲农业示范点、示范园区等，符合条件的家庭农场可申报此类项目，但需满足园区面积达到80亩以上的规模要求。

2. 产业家庭农场可以申报的补贴

根据产业不同，家庭农场可申报的补贴项目包括蔬菜、水果、林业、水产养殖、畜禽养殖、加工产业等。

蔬菜种植、水果产业、茶叶产业等：可以申报农业农村部的园艺作物标准园建设项目，每个项目补贴 $5\times10^5\sim1\times10^6$ 元，要求设施200亩以上，露地1000亩以上。

林业产业：可以申报林业局的名优经济林示范项目，每个项目200万元以上；林业局林下经济项目，一般补贴在 $1\times10^5\sim3\times10^5$ 元。林业局申报成为国家林下经济示范基地、国家绿色特色产业示范基地。

加工产业：有农产品产地初加工项目、开发性金融支持农产品加工业重点项目、技术提升与改造工程项目、农产品加工创业基地、农产品加工示范单位等。

观光类家庭农场：可以向旅游局申请旅游专项资金、旅游扶贫资金等。在贫困村建设的项目，还可以申请旅游局贫困村旅游扶贫项目资金。

自由基地发展餐饮的家庭农场：可申请三品一标的认证及相关补贴。

运动体验类家庭农场极具特色，凭借着优美舒适的环境、丰富多样的运动拓展项目、趣味十足的活动体验，还有亲子教育等内容吸引顾客。这类农场大多选址在城市郊区，位置十分便利，能让都市白领这类高收入群体及其子女轻松前往，参与各类体验活动，也方便公司组织团队训练。另外，运动体验类家庭农场还可以申请成为教育部认定的教育基地、学生课外实践基地，以及儿童、青少年见学基地等，以此丰富自身功能，拓展发展空间。

特色文化类家庭农场别具一格，它以当地独有的特色文化、特色饮食，以及少数民族文化、服饰等特色产品与文化元素为依托，打造出充满魅力的休闲家庭农场。发展特色文化类家庭农场，还能申请文化产业发展专项资金，具体申报单位为县委宣传部和文化局等。

科教类家庭农场的运作模式十分独特。它充分利用自家农场现有的现代农业技术开展农业生产活动，而且还不满足于此，在不断实践的过程中，逐步把自主研发的技术进行试验示范，然后向更广泛的范围推广。不仅如此，科教类家庭农场还会把现代农业技术通过展示、展览及体验等多种形式呈现出来，目的是让人们亲身感受、认识现代农业的发展成果与技术进步。从项目关联来看，这类家庭农场主要涉及科技局的一些项目，比如农业科技成果转化项目，星火计划项目，还有科技推广与集成技术示范项目。

不管是哪一类家庭农场，在资金支持获取方面都存在多种途径。这就要求农场主具备一种能力，即能够从不同维度剖析家庭农场的经营业务。一方面，要善于利用产业类补贴政策；另一方面，需依据自身农场特点，向科技、旅游、特色等方向拓展，尽可能与多个部门的扶持领域契合，进而从多个部门争取到更多的资金支持。

二、家庭农场与农业技术推广

（一）家庭农场在农业技术推广中的价值探寻

家庭农场也是追求利益的新型经营主体，在已有的发展基础上，寻求农业技术带来的更高利益是其长远发展的有效路径。家庭农场不仅是农业技术的采用者，也是推广者，这一推广者角色有多重的含义，表现在优秀突出的家庭农场主会被列为农业技术示范户，成为农业特聘人员，其家庭农场被评为示范基地，发挥示范作用，使他人能看到农业技术带来的成效，应用相应的农业技术等，充分发挥家庭农场的示范作用，扩大农业技术的推广范围。

1. 家庭农场可作为农业技术的培育基地，为农业技术推广提供基础保障

用现代科学技术改进农业、发展农业，使农业更上一层楼。现代科学技术的创新发明需要大量的培育试验基地，家庭农场是其中的一个选择。家庭农场具有一定的规模，可以为农业技术的创新研发提供土地支持。家庭农场主要依靠家庭劳动力开展生产经营活动，完整保留了家庭经营模式的特点，充分具备传统农户家庭所拥有的诸多优势，能为技术开发提供人力支持。家庭农场的未来发展离不开农业技术的支持，家庭农场对农业技术的研发具有内在需求，将家庭农场作为农业技术的培育基地，对家庭农场有利，也对农业技术培育的人员和组织有益。农业部门不妨优先选择优质家庭农场，开展新技术的试验、示范及新品种的试种、推广工作。在农业发展项目的安排上，也优先考虑这些优质家庭农场，

为其提供各类信息服务，帮助他们及时了解行业动态与市场需求。同时，给予他们参与农业保险的优惠条件，让这些家庭农场能以较低成本获得农业保险保障。通过这些举措，为新技术、新品种的快速推广应用筑牢根基，助力农业产业升级发展。①

2. 家庭农场主发挥带头、辐射作用，推进农业技术推广

部分家庭农场主文化程度高、务农经验丰富、敢于创新采用农业技术等，运用科学的方式耕种养殖致富，成为科技示范户。农场主在示范中能提高自身科技素质，还能引导、激发带动周围的农户调整耕种养殖方式，使其采用新技术。农场主耕种养殖的环境与农户的耕种环境相同，加之有目共睹的耕种成效，再加上以现身说法传技术的方式向农户宣传推广农业技术，其成效远超口头的农业技术推广成效。农户与农户、农户与家庭农场之间的相互交流，能促进多方的合作互助，拓宽了农业技术获取渠道。优秀的家庭农场主往往都会有比农户更大的科技信息网络，其可以将相应的农业技术信息传递给农户，打开农户的视野，同时拉近农户与其他专业农技人员的关系，提高农户采用新技术的主动性与积极性。

(二)家庭农场发挥农业技术推广作用的方法

1. 创建示范性家庭农场，发挥示范性作用，推广农业技术

农业技术的推广离不开示范性个体、组织，示范性家庭农场要充分发挥示范性作用，创新农业技术推广工作，推进农业科学技术的扩散。与其他家庭农场相比，省级示范家庭农场的技术效率略高一些，但总体而言，成为示范典型并未给家庭农场带来技术效率的提高，这就说明示范性家庭农场的示范作用不明显。农业示范户、示范家庭是农业技术推广的主力军，由于示范性家庭农场的创建发展还在探索发展阶段，其示范带动能力有待进一步提升。不同类型和规模的示范性家庭农场应主动或借助各农业部门的力量发挥“头雁领航，群雁齐飞”的典型示范作用，推广农场在农业技术方面的优秀经验，促使更多家庭农场高质量发展。

2. 参与农业技术推广项目

农业生产受环境、气候及品种等多种因素影响，试验研究和引进的技术能否适用、是否具有推广价值，需要经过生产实践来检验，家庭农场可以通过参与农业技术推广项目，提升农场自身发展质量的同时为新技术的研发、推广提供科学依据和展示平台。

3. 家庭农场主担任农业特聘人员

特聘农技员的选拔范围将聚焦于四类专业人士：第一类是扎根农村、深谙农业之道的

① 胡喜贵，姜超，孙君艳．现代农业概论[M]．成都：电子科技大学出版社，2022.

本土专家；第二类是在种植养殖方面有着深厚实践功底的资深从业者；第三类是新型农业经营主体中，承担技术核心角色的骨干力量；第四类则是在农业科研院所和教学机构中，长期深入田间地头，致力于科技成果转化和技术服务推广的专业技术人员。符合条件的家庭农场主也可以充当特聘农技员，参与农业技术推广工作。

特聘农技员需承担这三项服务任务：其一，为县域内具有特色优势的农业产业发展提供专业技术指导及咨询服务；其二，针对贫困农户开展农业生产经营活动实施技术帮扶；其三，与基层农技人员结成对子，共同开展农技服务工作，以此提升基层农技人员的专业技能和实际操作能力。

4. 建立家庭农场联盟，发挥家庭农场的最大作用

每一个家庭农场并非一个孤立的个体，多个家庭农场连接起来形成一个家庭农场联盟，搭建一个相互交流学习的大平台，能扩大农场主的社会关系网络，进而让农场主了解与生产加工销售有关的更多资料，如新农业技术的引用、大型农业机械化的补贴等多方面的内容，使得家庭农场与其他家庭农场或经营主体建立一种横向或纵向一体化的关系，从而推动中国农业的发展。

家庭农场在我国农业体系里占据关键地位，以其为依托推进农业技术，能有效提速我国农业现代化进程。适度规模发展的家庭农场应不断发挥主体能动性，提高自身采用农业技术或创新农业技术的能力，借助技术的力量，提高农业生产、加工等多方面的效益，并将自身的良好经验推广出去，帮助更多的农户，使农业技术转化为更多农户高生产力的助力器。

第四章　农业生态环境保护利用技术

第一节　畜禽粪便污染防治技术

一、粪污清理及控制关键技术

(一)粪污处理场地布局

1. 处理场地布局

畜禽养殖里，污染最为严重、生物危险性最高的环节，在畜禽养殖场布局上要处于养殖生产区全年的下风向及地势较低洼的地方，并且处理区域必须单独设立出入大门。建造收集池时，一定要做好防渗措施。

2. 粪污贮存设施建设要求

(1)粪便贮存设施

养殖场所产生的固态废物主要包括畜舍清理过程中产生的排泄物及铺垫材料。在规划固态废物储存设施时，我们必须综合考量多个关键参数：排泄物的存储周期、该周期内预计产生的排泄物总量，以及固态废物的堆积密度等。

粪便贮存池建设应符合以下基本要求：

第一，地面为混凝土结构。防水，坡度为1%，设排污沟。

第二，墙高不宜超1.5m，砖混或混凝土结构、水泥抹面；墙体厚度不少于240mm，墙体防渗。

第三，顶部设置雨棚，高度不低于3.5m，便于机械作业。

第四，其他要求：雨污分流，防护设施，专门通道。

第五，容积=(存栏数×单位动物每天产粪便量×贮存天数)÷1000kg/m³(粪便比重)。

第六，贮存天数根据后续处理工艺确定。

(2)污水贮存池体积

畜禽养殖场产生的污水，其来源较为广泛，主要涵盖畜禽圈舍冲洗水、未能及时清理的粪尿，以及管理区产生的生活废水等。在进行污水贮存池设计时，我们不能仅着眼于日常污水产生量，还必须充分考虑当地降水的影响。同时，预留不可预见体积是保障污水贮存池稳定运行的关键环节。

第一，内壁和底面应做防渗处理。

第二，池底高于地下水位 0.6m 以上。

第三，深度不超过 6.0m。

第四，地下污水贮存设施周围应设置导流渠，导流渠需高于地面 20cm。这一高度设置能有效阻挡地面径流和雨水，使其无法直接流入贮存设施内。

第五，进水管道直径最小为 30cm。

第六，周围应设置明显的标志和围栏等防护设施。

第七，容积=污水体积+雨水体积+预留体积。

第八，污水体积=存栏数×单位动物每天污水产量×贮存天数。

第九，雨水体积=该设施 25 年来每天收集的最大雨水量×平均降雨持续天数。

第十，预留体积：高度通常预留 0.9m，按贮存池设计的长和宽进行计算。

(二)粪污清理方式

1. 干清粪

干清粪工艺是一种通过人工或机械方式，在畜禽舍内对固态排泄物进行集中收集的处理方法。该工艺主要针对地面上的固体粪便进行清理，仅保留少量残留的粪尿混合物，随后使用最小量的水进行冲洗，有效实现了养殖废弃物的固液分离。这种粪便清理方式，核心在于竭力避免固体粪便与尿液、污水相互混合，能及时、高效地把畜舍里的粪便和尿液清除出去，营造干净整洁的畜舍环境。该工艺有效利用了人力资源优势，在排泄物清理过程中显著降低了水电消耗。减少冲洗用水量，不仅实现了节能减排，更重要的是完整保留了固态粪便中的营养成分，从而提高了有机肥料的肥力价值。这种处理方式既节约了资源，又简化了后续粪尿处理的工艺流程，大幅降低了运营成本，实现了经济效益与生态效益的双重提升。[①] 实际操作中，粪尿依靠养殖工艺自然分离，干粪由人工或机械收集、清扫并运走，而尿液和冲洗水则经下水道排出，之后分别加以处理。

① 张礼招，兰莉，刘冬梅．现代绿色农业综合实用技术[M]．赤峰：内蒙古科学技术出版社，2022.

干清粪有着诸多优势：首先，其显著特点是用水量少，大幅减少了水资源消耗，符合节水型社会建设要求；其次，由于冲洗程度有限，污水中所含有机物质浓度较低，这不仅简化了污水处理工艺流程，还降低了相关设备投入和运行维护成本；再次，该方式能够最大限度地保存固态粪便中的氮、磷、钾等营养成分，为生产高效有机肥提供了优质原料，促进了畜禽粪便的资源化利用；最后，及时清理排泄物，有效改善了养殖环境，为畜禽创造了清洁卫生的生长条件，有利于疫病防控和动物健康。

干清粪工艺主要分为人工清粪和机械清粪这两类。目前大多数规模养殖场采用的是机械清粪工艺，养殖专业户和散养户多数采用人工清粪工艺。

机械化清粪系统利用专业设备替代传统人工清理方式，实现对畜禽舍地面固态排泄物的高效收集。这些自动化设备能够将收集到的粪便直接输送至舍外指定区域或专门的储存设施中。对于地面残留的少量粪尿混合物，系统采用节水型冲洗模式，产生的污水通过预设的排污渠道集中排放至外部储存池。

机械清粪的好处很明显，它速度快、方便，能节省人力，工作效率高。和人工清粪相比，不会让畜禽舍内的走道被粪便污染。不过，它也存在不足。一方面，初期一次性投入的资金较多，后续还需要支出运行和维护的费用；另一方面，设备的工作部件经常接触排泄物，导致维护保养难度较大，同时运行时的噪声可能影响畜禽的正常生长。国内生产的清粪设备在稳定性和耐用性方面仍有提升空间，故障率相对较高。尽管如此，随着畜牧工程技术的持续进步，这些技术难题有望逐步解决，机械清粪仍将是规模化养殖的必然趋势。

相比之下，人工清粪方式具有投资成本低、操作简单、粪尿分离效果好等优势，仅需配备基本的清扫工具和手推车即可开展工作，无须电力支持，且能有效实现固液分离，便于后续处理。然而，这种方式也存在劳动强度大、工作效率低的明显缺陷。

2. 水冲清粪

水冲式清粪系统运用水力输送原理，将排泄物与冲洗水混合后，通过缝隙地板排入下方的排污沟渠。系统配备高压喷淋装置，定时对沟渠进行冲洗，使粪水混合物沿沟渠汇集至主排污管道，最终输送至地下或地面的储存设施。该系统的运行成本主要包括水资源消耗、电力支出及设备维护费用三个方面。以一头猪为例，每天用水在 20 至 25 升，电费主要源于水喷头和污水泵的运转耗电。

该工艺的核心目标在于实现养殖环境的智能化管理，通过建立高效的排泄物清理系统，确保畜舍卫生条件达标。其重点在于优化清理流程，提高作业效率，减少人力成本，推动养殖场向自动化、智能化方向发展。其优势在于，能够让猪舍始终保持清洁，对动物健康有益。工人的劳动强度低，工作效率高，保障了养殖场工人的身体健康，尤其适用于劳动力匮乏的地区。

不过，水冲清粪也存在不少缺点。首先，耗水量极大，像一个万头养猪场，每天冲洗猪舍粪污就需要耗费200至250立方米的水。其次，污染物浓度高，污水的生物需氧量达到7000~10000mg/L，悬浮固体为17000~20000mg/L。固液分离处理后，污水部分富集了大量可溶性有机物和微量元素，导致污染物浓度显著升高，而固态产物则因养分流失而降低了作为肥料的利用价值。该工艺虽然具有操作简单、受气候因素影响小的优点，但需要配套建设完善的污水处理设施，且运行过程中能耗较大，这些因素都增加了整体运营成本。

3. 水泡粪

水泡粪清粪工艺是在传统水冲清粪基础上优化改进的处理方法。具体操作流程为：在猪舍排污沟内预先注入定量清水，猪舍排泄物、日常冲洗废水及管理用水通过漏缝地板汇集至沟内。粪水混合物在沟渠内经过2~3个月的发酵储存后，通过控制闸门系统集中排放。处理后的粪水经主排污管道输送至储存设施。该工艺实现了排泄物的定期集中处理，显著降低了人工清理频率和水资源消耗，提升了养殖场的自动化水平。系统运行成本主要包括水资源消耗、电力支出和设备维护费用。平均下来，一头猪每天用水10至15升，电费主要花在污水泵运转上。

水泡粪清粪有不少优点：相较于水冲清粪工艺，它能在用水和人力方面实现节约，而且工艺技术难度不大，也不会受到气候条件的制约。

然而，该工艺也存在若干技术缺陷：其一，排泄物若于舍内长时间堆积，便会引发厌氧发酵，进而释放出硫化氢、甲烷等有害气体。这不仅会致使舍内空气质量急剧下降，还极有可能对动物及工作人员的健康与安全造成威胁。其二，粪水混合物由于长时间停留，使得污染物浓度大幅攀升，如此一来，后续处理的难度和成本都显著增加。其三，配套的污水处理设施不仅需要大量的基建投入，而且在运行过程中还会消耗大量能源。

4. 三种清粪工艺的比较

研究表明，对于万头规模的养猪场，采用水力清粪方式(包括水冲清粪和水泡粪)的污水处理系统建设和运营成本，较干清粪工艺高出约100%。水力清粪方式存在明显缺陷：首先，其水资源消耗量巨大；其次，粪尿与污水混合排放，显著增加了后续处理的复杂程度。特别是在固液分离环节，由于可溶性有机质大量流失到液体中，不仅降低了固态产物的肥料价值，还导致液体部分的污染物浓度急剧上升。由于液体污染物处理难度本身就远远大于固体粪污的处理，再加上粪便中的可溶性有机物的进入，该工艺清粪方式下的液体污染物处理难度大大增加。

(三)主要畜禽清粪方式

1. 猪场主要清粪方式

规模化养猪企业通常优先选用机械化清粪系统(如刮粪板)或水力清粪方式(包括水冲清粪和水泡粪)。这种选择基于其雄厚的资金实力、规范的管理体系及完善的粪污处理配套设施，能够有效降低对人工作业的依赖。相比之下，中小型养殖场由于投资规模有限，资金主要用于猪舍建设和基础配套设施，难以承担机械化设备的购置和维护成本，因此更适合采用投资少、操作简单的人工干清粪方式。

猪场粪污收集与转运方式的差异，对猪场粪污量及有害气体排放量有着明显影响。统计数据显示，在万头规模的自繁自养模式下，不同清粪工艺产生的排泄物量存在显著差异。采用水冲清粪的猪场日均排泄物产量高达150吨；使用水泡粪工艺的猪场，日均排泄物量约为60吨；而采用机械刮粪板系统的猪场，日均排泄物量可控制在30吨左右。

水泡粪系统是国外猪场普遍采用的一种粪污收集模式，因其具有工程造价与运行费用低、省人工、粪污收集与转运方便、耗水较少等优点，近几年在我国得到迅速推广。目前，我国大部分规模化猪场均采用这种粪污收集模式。然而，随着养殖规模扩大，水泡粪收集工艺的问题也随之凸显，主要表现在以下方面：一是采用水泡粪时，猪舍多采用全漏缝地板，粪尿在舍内存放时间长，发酵过程中产生大量的有害气体，因此，采用这种方式时，猪舍通风系统要求更高；二是猪粪本身特点，经舍内存放发酵后呈稠浆状，干湿分离较困难，成本较高，且氮、磷等成分多存于污水中，导致污水中化学需氧量含量高，干粪肥效差；三是采用这种工艺收集时，每次排粪时需要向粪池中注满足够的水，用水量增加。虽然这部分水可以污水回用，但显著增加了干湿分离成本。由此可知，水泡粪系统在收集阶段降低了成本，但后期处理难度较大。

鉴于我国大部分猪场没有足够配套土地来消纳粪污，特别是近几年我国环保压力逐渐增大，采用粪尿分离的刮板清粪技术具有显著优势。目前，我国猪场的刮板清粪系统多与全漏缝地板配合使用。粪沟底部横截面呈“V”字形，沟底两斜面坡度均为8%～10%。在“V”字形底部埋设“U”形导尿管，导尿管开口朝上，猪排粪尿时，大部分粪便留在“V”字形斜坡上，尿液沿坡而下流入导尿管内导走，流入猪舍末端的集尿池内纵向形成0.3%～0.5%坡度，刮板沿坡而上清走干粪，粪尿及污水顺坡而下由导尿管导走，从而在清粪过程中实现粪尿分离。

猪舍的清粪系统与舍内冲洗水量、有害气体排放量等密切相关，选择时我们一定要综合考虑。比如，与实体地面相比，全漏缝地板猪舍可显著减少猪舍冲洗水量，但使粪尿在舍内暴露面积增加，有害气体浓度也随之增加。漏缝地板面积与舍内氨气浓度呈正相关，减少漏缝地板面积，显著减小猪舍内氨气浓度。

鉴于猪有喜干净、定点排粪的生物习性，设计粪尿分离的刮板清粪系统时，宜采用半漏缝地板。需要注意的是，猪栏设计与转群初期的训练对猪定点排粪影响很大。长宽比为1.5：1~2：1时，猪更容易形成定点排粪习性。

人工干清粪工艺主要依靠人工操作，借助简单的清粪工具，将圈舍地面的固体粪便清理出来。对于地面残留的排泄物，采用节水型冲洗方式，仅使用少量清水即可将污水通过预设沟渠排至外部储存设施。这种清粪方式虽然操作简单、投资成本低，但由于依赖人工操作，存在劳动强度大、工作效率低的局限性，因此更适用于资金有限、规模较小的养殖场。

水冲清粪工艺能及时有效清除舍内粪尿，劳动强度小，效率高，清洗干净，在水资源丰富的地区使用较多。但水冲清粪工艺用水量大，粪污产生总量急剧增加，给后续处理造成巨大压力。为减少粪污产生总量，国家相关政策法规引导水冲清粪工艺逐渐向干清粪、水泡粪工艺转变。

2. 鸡场主要清粪工艺

鸡场普遍采用干式清粪系统，该系统主要分为机械化和人工操作两种模式。机械化清粪方式适用于规模化、集约化程度高的养殖场，通常配备自动化刮粪装置和传送带等设备。而人工清粪工艺，则主要适用于中小型规模的鸡场，尤其是那些所处区域养殖环境要求相对没那么高，且用工成本较低的鸡场。

机械化清粪技术最早采用的是刮板清粪方式，该方式是我国阶梯笼养鸡舍和网上平养鸡舍普遍采用的清粪模式。刮板清粪工艺取代人工清粪方式，大幅度节约了人工成本，提高了劳动生产效率。但鸡舍刮板清粪技术上存在以下问题：

第一，粪沟施工不当造成沟底和侧墙不平直等导致粪便很难刮干净。

第二，乳头饮水器漏水等导致低洼处积水，粪水混合发酵导致舍内有害气体浓度增加。

第三，钢丝绳等作为牵引绳时易被腐蚀，需要经常更换；尼龙绳的耐腐蚀性强，但易变性，沾水后容易打滑，导致牵引绳过松，刮板运行稳定性差。

第四，所收集的粪便稀，含水多。当鸡舍湿度较低时，鸡粪中水分大量挥发，鸡群换羽时鸡粪中混入大量的羽毛，导致鸡粪含水率过低甚至出现板结的现象，这给清粪带来难度。有的饲养员为了清粪方便，在清粪前往粪沟内加水进行稀释。日常操作中冲洗鸡舍的水也会流入粪沟，导致鸡舍卫生环境差、粪便的后续处理难度大。

传送带清粪工艺在蛋鸡与肉鸡的叠层笼养体系中应用十分普遍。在这一工艺里，每层鸡笼的正下方都会铺设一条传送带，其宽度与鸡笼一致，长度略长于整列笼架。通常多层配合使用，笼架末端设置横向传送带，将每列每层收集的鸡粪转运至舍外。随后通过斜向上的传送带将鸡舍外的鸡粪提升起来，装入清粪车运走。此清粪工艺具备诸多优势，比如整个过程中鸡粪不会落地，收集效率高，鸡粪的含水率较低，同时还能使鸡舍内有害气体的浓度维持在较低水平，这在很大程度上降低了鸡粪后续处理的难度。①

鉴于以上优点，近几年来，新建养殖场选择采用传送带清粪工艺较多，市场上也有成熟的产品可供选择。对于已建成的鸡舍改造起来比较困难，其改造方法如下：

（1）刮板清粪阶梯笼养鸡舍传送带的改造

采用刮板清粪的鸡舍，由于鸡笼下方有清粪沟，可将传送带直接安装在清粪沟内。这种方法改造相对简便，不需改动鸡笼。但是，安装不理想时，舍内污水或靠近传送带边缘的粪便很容易通过传送带与清粪沟壁之间的缝隙漏入沟底，不易清除，时间长了，很容易滋生细菌或发酵后产生臭气，彻底清洗消毒困难。

（2）笼底无清粪沟阶梯笼养鸡舍的传送带改造

对于笼底没有清粪沟的鸡舍，由于鸡笼原有的支架很难满足传送带安装的空间要求，所以，可在地面重新设置立柱，将传送带固定在立柱上，然后再把鸡笼支架连接并安装在立柱上。这种改造需要挪动鸡笼，改造起来比较麻烦，但后期管理方便。此外，由于重新设置了立柱，笼架高度增加，为了满足喂料推车等各种设备的正常运行，鸡舍净高不能低于 2700mm。

3. 牛场主要清粪工艺

我国牛场的清粪方式正处于技术升级阶段，正逐步从传统人工操作向机械化作业转型。养殖主体可根据实际生产规模和经营条件，选择适合的清粪方案。现有清粪方式主要包括：传统人工清理、铲车作业、水力冲洗及机械刮板系统等。其中，人工清粪方式主要依赖铁锹、铲子、扫帚等简单工具，通过人力完成粪便的收集、堆积和转运，这种模式在中小型奶牛场或养殖小区仍然普遍存在。此方式虽然简单灵活，然而工作强度大，作业环境不佳，工作效率低，人力成本也偏高，急需更先进的方式取而代之。

在我国大型牛场中，铲车清粪已成为主流作业方式。这种清粪设备通常由小型装载机改装而成，其核心部件——刮粪斗采用废旧轮胎制作，不仅更换方便，而且操作灵活。作业时，驾驶员操控铲车将牛舍通道内的排泄物集中清理，并推运至指定储存区域，随后进行统一转运处理。不过，由于铲车体积较大，作业时噪声大，易使牛产生应激反应，且运行成本较高。

水力清粪系统通过舍内冲洗装置将排泄物冲入集污沟，再输送至处理池进行固液分离。分离后的液体可循环用于舍内冲洗，实现了水资源的部分回用。该系统具有自动化程度高、清洁效果好的特点，但需要配套建设完善的污水处理设施，运行能耗较大。

---

① 周培．现代农业理论与实践[M]．上海：上海交通大学出版社，2021.

机械刮板清粪系统采用电力驱动，通过链条传动带动刮板往复运动，实现排泄物的自动清理。这种技术在我国大型奶牛场得到广泛应用，其自动化程度高，清粪效率显著，是规模化养殖场实现现代化管理的重要标志。该系统在不影响奶牛正常活动的情况下可及时清理牛舍过道中的粪污，保持牛舍清洁，具有省人工、噪声低、运行成本低等优点。

4. 清粪方式的选择要点

在选择清粪方式时，有以下两个关键要点需要考虑：

一是要确保清粪环节和后续粪污处理工艺相互适配。清粪是整个粪污管理体系的开端，一定要和后续的处理技术紧密关联，成为一个有机的整体。实际操作时，要是已经确定了清粪方法，那就依据它来规划粪污处理方案；反过来，要是明确了粪污处理想要达成的目标，也可以据此挑选恰当的清粪工艺。以养猪场为例，若计划建设沼气工程，则水泡粪清粪方式更为适宜；但若采用水泡粪工艺，则不宜选择达标排放作为最终处理方案，因为高浓度的有机物会大幅增加处理成本。

二是综合考虑多方面影响因素。畜禽品种、养殖模式、人力成本、经济条件等都是选择清粪方式时需要权衡的重要因素。不同畜禽因其生理特性和饲养方式的差异，对清粪工艺有特定要求。例如，蛋鸡采用层叠式笼养，其排泄物以固态为主，因此更适合采用干清粪方式。这种选择既符合蛋鸡的生理特点，又能有效控制养殖成本。

二、养殖粪污处理技术模式

（一）种养结合概述

1. 种养结合概念

（1）广义概念

种养结合，是一种将种植业与养殖业紧密关联的生态模式。养殖业作为人与自然物质交换的关键纽带，是借助人类驯化的动物或野生动物的生理特性，经人工饲养、繁育，把可饲植物能转化为动物能，进而获取肉、蛋、奶、皮、毛及药材等畜产品的生产领域。而种植业，作为农业的核心构成部分，是利用植物的生长机能，通过人工培育，收获粮食、副食品、饲料及工业原料的社会生产行业。种养结合模式，具体是把畜禽养殖产生的粪污当作植物生长所需的粪肥来源，同时，种植业产出的作物又为畜禽养殖提供食物来源，形成有机融合。

（2）狭义概念

从狭义来讲，种养结合模式是养殖场通过干清粪或水泡粪等方式收集排泄物，将液态废弃物经过厌氧发酵或多级氧化塘处理后，直接用于周边农作物种植；固态废弃物则通过堆肥处理，既可在本地农田施用，也可外运至其他地区使用。建议各地借鉴国际通行的“畜禽粪便综合养分管理计划”，结合当地气候条件、水文特征、地形地貌、土壤性质及作物需求，建立完善的粪便收集、储存、处理和应用体系。通过土地流转等机制，确保养殖场拥有足够的配套土地，实现种养规模的科学匹配。

简而言之，这种模式强调养殖废弃物的就地转化和循环利用，特别适合周边拥有充足农田资源的养殖场。

2. 工艺流程

现代化养殖场的种类多种多样，甚至可以说每个养殖场都有各自的特点和运作方式，因此针对不同地域、不同气候、不同地形的种养结合也各不相同。粪便处理和还田形式都要综合考虑以下因素：

第一，养殖种类、养殖规模和群体结构。

第二，饲料情况及结构。

第三，养殖形式。

第四，清粪方式。

第五，耕作种植管理。

第六，养殖场周边的地形情况。

第七，与水源和邻近单位的距离。

第八，粪便处理。

第九，利用方式。

第十，养殖场未来的发展。

（1）规划布局

实施种养结合模式治理养殖污染需要系统规划、分步推进。第一步是在养殖场建设初期进行科学规划，重点评估两个关键因素：一是合理确定养殖规模，二是确保场区周边有足够的土地资源用于消纳产生的畜禽排泄物。具体实施时，我们应当根据区域环境承载力和土地消纳能力，科学布局养殖区域，规范养殖作业流程，从源头上预防因规划不当导致的环境污染问题。建场时，我们应充分参照当地土地利用规划，同时关注畜牧部门协同土地、环保部门，依据相关法律法规并结合城市（村镇）整体规划所划定的禁养区、限养区及养殖发展区。第二步，要使养殖场与种植业布局相互衔接，思考周边有没有与养殖规模适配的农作物种植地或者果园等。只有二者紧密衔接，养殖产生的废弃物才能有合理的去向，实现资源的有效利用。发展种养结合模式必须坚持生态化导向，将五大核心原则作为行动指南：一是“相对集中、适度分散、科学规划、合理布局”的选址原则；二是“适度规模、容量化消纳”的建场原则；三是“干湿分离、雨污分流”的减排原则；四是“沼气配套、生物发酵”的无害化处理原则；五是“种养结合、生态还田”的资源化利用原则。通过系统地落实这些原则，我们能够把废弃物转化为可利用的资源，搭建起一条完整无缺的生态循环链条。在这个链条中，上游环节产生的废弃物变成下游环节的生产资料，从而推动养殖业不再与生态环境相互冲突，而是和谐共生、协同发展，最终达成养殖业与生态环境的协调共进。

(2)粪便收集

畜禽场粪便的产生量因品种、生长期、饲料、管理水平、气候等而变化，不同畜禽排泄量差别很大，含水率则差别更大。

根据含水率指标，畜禽排泄物可分为四种形态：固态(含水率低于70%)、半固态(含水率70%~80%)、半液态(含水率80%~90%)和液态(含水率超过90%)。清粪工艺的选择直接影响排泄物的含水率水平：采用水力清粪方式(包括水冲清粪和水泡粪)时，排泄物含水率通常超过95%，若不进行固液分离处理，将大幅增加技术难度和处理成本；而采用干清粪工艺时，排泄物含水率可控制在70%~85%。有些畜禽场由于饮水器漏水则粪便含水率达85%以上，蛋鸡采用重叠式笼养和高床饲养产生的粪便含水率则低一些，肉鸡采用垫料平养，肉鸡出栏时垫料与粪便混合，其含水率较低。

3. 具体模式

(1)粪污全量还田模式

1)粪污全量还田模式概述

养殖场通常采用集中收集系统，将固态粪便、粪水及污水统一输送至氧化塘储存处理。氧化塘作为重要的粪污处理设施，根据结构特征可分为两种类型：一是敞开式氧化塘，二是覆膜式氧化塘。粪污在氧化塘贮存期间，通过自然的生态净化过程实现无害化处理，待施肥季节时，便将处理后的粪污用于农田。

该处理模式主要依靠生物净化原理：在氧化塘内形成藻类共生系统，结合土地处理系统或人工湿地中的植物群落和微生物群落，对粪污中的污染物进行多级降解和净化。在场地选址方面，可因地制宜地利用废弃河道、低洼沼泽、山谷地带或闲置水库等特殊地形，既可直接利用天然黏土层构建氧化塘，也可建设覆膜式人工氧化塘。经过氧化塘处理后的粪水，用途较为广泛，既能够用于农业灌溉，助力农作物生长，也可以用于水生植物的栽培和水产养殖，实现水资源的循环利用。

2)工艺流程

粪污全量还田模式以氧化塘技术为核心，构建完整的粪污收集和处理系统。该系统将养殖场日常运营中产生的各类液态废弃物(包括尿液、冲洗水、粪便混合物)及生产废水集中收集，统一输送至氧化塘进行处理。在氧化塘内，这些粪污经历厌氧与好氧发酵过程，期间复杂的生物化学反应，使原本成分繁杂的废弃物转化为富含高浓度有机物质和养分的资源。

处理后的产物，通过农田管网或者罐车等运输方式，输送至农田。经过科学处理的粪污富含有机质和营养元素，犹如为农田注入生命活力。其作用主要体现在三个方面：其一，它能给作物生长供应不可或缺的水分与养分，助力植株茁壮成长、健康发育。其二，内部含有的有机物质对土壤团粒结构的优化大有益处，能够增强土壤的透气性，让土壤的保水、保肥能力更上一层楼。其三，长期施用的话，还能提升土壤里微生物的活性，推动养分循环，为作物根系营造出优良的生长环境。①

3)利用

在全球农业领域，粪污厌氧处理后还田的应用日益普及。这种处理方式具有多重优势：首先，发酵后的粪污富含活性养分，可部分替代化肥使用，提高作物产量和养分利用效率；其次，其中的有机物质能够激活土壤中被固定的磷元素，提高磷的有效性；最后，长期施用可改善土壤物理性质，增加孔隙度和有机质含量，提升土壤肥力。

①还田输送

氧化塘处理后的养殖粪水兼具灌溉和施肥双重功能。在农田施用环节，我们需要根据养殖场与农田的地理位置关系，建立相应的输送系统：

短距离输送(1000 米以内)：优先采用防渗漏的管道或沟渠系统，也可采用管道与沟渠相结合的方式，通过支线网络实现精准施用。输送系统必须做好防渗处理，防止养分流失。

长距离输送(1000 米以上)：建议在田间建设粪水储存池，配备控制阀门。通过罐车将处理后的粪水运送至储存池，再连接田间输送管网。田间输送以中低压管道为主，也可采用泵送方式。需要注意的是，我们应避免使用土质沟渠，以防粪水渗漏造成地下水污染。

②农田施用

厌氧粪水农田施用需要科学规划和精准管理，主要考虑以下因素：

施用方式：根据作物特性和农田条件，可选择沟灌、渗灌、漫灌或喷灌等方式，确保不影响农产品品质。

施用时间：选择晴天、土壤干燥时施用，避开雨天及降雨前一天。施用时需在 24 小时内完成入渗，同一地块施用间隔不少于 7 天。

安全距离：施用区域与地表水体保持 5 米以上安全距离。

用量控制：一般作物每年施用 2~3 次，单次用量 300 至 800 立方米每公顷，最大不超过 900 立方米每公顷。高风险土地限值 50 立方米每公顷。以冬小麦和夏玉米为例，可在

① 王云峰．农业区域专业化与产业组织创新[M]．广州：广州出版社，2021.

越冬期、拔节期、抽穗期及玉米种植后施用。

特殊方式：有条件地区可采用清水与粪水轮换或混合施用，整个轮作周期氮素总量控制在 240 立方米每公顷以内。

浓度管理：低浓度（NH_4^+ 10～100mg/L）：适宜苗期至抽穗期施用，4～5 次，700～800m^3/hm^2；中浓度（NH_4^+ 100～350mg/L）：适宜越冬期至抽穗期施用，3～4 次，500～600m^3/hm^2；高浓度（NH_4^+ 350～600mg/L）：仅适宜越冬期和返青期施用。

4）畜禽养殖土地承载力测算

畜禽粪污中所含的氮磷养分促进农作物生长，基本要求是作物营养需求和施用粪污的营养成分总量达到平衡。用经过处理的粪污作为肥料满足作物生长需要，其用量不能超过当地土地消纳能力，避免造成土壤板结、农作物渗透失水消亡及地表和地下水体污染等。

畜禽养殖土地承载力是指在单位农田面积上，通过畜禽粪污提供的养分能够满足作物生长需求的最大家畜饲养数量。这一承载力的大小受到多种因素的综合影响，包括区域水资源状况、畜禽养殖的发展水平、土地资源总量、当地畜禽养殖污染治理技术及相关政策法规等。计算土地承载力，主要有下面这两种方法。第一种方法是在特定的生产条件下，对土地的生产潜力展开估算。第二种方法是在参考前人已有研究成果的基础上，同时考虑当前的饲养水平，推算出土地资源能够承载的畜禽数量。

①作物养分需求量的确定需要综合考虑以下因素：首先，根据区域主要农作物（包括粮食作物、经济作物和果蔬）的产量统计数据，结合各类作物单位产量的氮、磷、钾养分吸收系数进行计算。具体数值可参考表 4-1 中推荐的主要作物单位产量养分吸收量，或根据当地实测数据进行累积求和，从而获得该地区作物的总养分需求。

表 4-1　不同种类作物产出 100kg 所吸收营养元素的量

作物种类	氮/kg	磷/kg	钾/kg	产量水平/（吨/公顷）
小麦	3.0	1.0	3.0	4.5
水稻	2.2	0.8	2.6	6
苹果	0.3	0.08	0.32	30
梨	0.47	0.23	0.48	22.5
柑橘	0.6	0.11	0.4	22.5
黄瓜	0.28	0.09	0.29	75
番茄	0.33	0.1	0.53	75
茄子	0.34	0.1	0.66	67.5
青椒	0.51	0.107	0.646	45
大白菜	0.15	0.07	0.2	90

注：表中所列的作物产出 100kg 时吸收的营养元素量是基于相应产量水平的吸收量。

②单位面积养分需求的确定。将计算得出的区域作物总养分需求量除以耕地总面积，

即可获得单位耕地的养分需求强度。这一指标反映了耕地养分供给的基本要求。

③区域粪肥养分总量的估算。根据各类畜禽的日排泄量(包括固态粪便和尿液)及其氮素含量，结合饲养周期进行计算。具体参数可参考畜禽粪便排泄系数推荐表(表4-2)和畜禽类便中污染物平均含量表(表4-3)。接着，把不同动物粪便的氮排泄量乘以其饲养数量，其中生猪、肉牛、肉羊按出栏数量计算，奶牛与蛋鸡按存栏数量计算。最后，将这些数值相加，即可得出该区域畜禽粪肥总的氮养分生成量。

表4-2　畜禽粪便排泄系数推荐

项目	单位	猪	牛	鸡	鸭
粪	kg/天	2.0	20.0	0.12	0.13
	kg/年	398.0	7300.0	25.20	27.30
尿	kg/天	3.3	10.0	—	—
	kg/年	656.7	3650.0	—	—
饲养周期	天	199	365	210	210

表4-3　畜禽粪便中污染物平均含量

项目	COD	BOD	NH_4^+-N	总磷	总氮
猪粪	52.0	57.03	3.1	3.41	5.88
猪尿	9.0	5.0	1.4	0.52	3.30
牛粪	31.0	24.53	1.7	1.18	4.37
牛尿	6.0	4.0	3.5	0.40	8.00
鸡粪	45.0	47.9	4.78	5.37	9.84
鸭粪	46.3	30.0	0.8	6.20	11.00

④区域粪肥总养分供给量。畜禽粪污产生后，在收集、存储及处理的一系列流程中，部分氨会转化为氮气等形态逸散，导致养分损失。因此，要得到实际能供给农田的粪肥总养分数量，我们需将原本产生的粪肥总养分乘以一个特定的系数，以此来校正损失量。

⑤单位耕地粪肥养分供给量的计算。将区域畜禽粪肥总养分供给量除以耕地总面积，得出单位面积粪肥养分供给强度，这一指标反映了粪肥资源的空间分布密度。

⑥进行粪肥养分承载力的分析。我们需要先算出区域粪肥养分的最大替代比例，再结合单位耕地的养分需求，以此来明确单位面积粪肥养分的需求阈值。通常来说，有机肥与无机肥的施肥比例保持在4：6，建议粪肥替代化肥的比例为40%。不过，各个地方的实际状况不一样，如果当地有更合适的替代比例，就按照当地推荐的比例来实施。

⑦养殖规模的调控计算。当区域粪肥养分负荷超过环境容量时，我们需要以猪当量为单位，计算需要核减的养殖量，以实现种养平衡。

5)粪污全量还田模式优缺点

①主要优点。成本优势：在粪污处理的全流程中，无论是收集环节，还是处理、贮存设施的建设，成本都相对较低，后续处理利用所需的费用也不高。这大大降低了养殖企业在环保处理方面的资金压力。资源利用率高：通过对粪便、粪水和污水进行全量收集，我们能最大化地保存其中的养分，使得养分利用率维持在较高水平，充分发挥了粪污的资源价值。

②主要缺点。场地需求大：粪污贮存周期通常需要达到半年以上，这就要求必须有充足的土地用于建设氧化塘等贮存设施，对于土地资源紧张的地区来说，这是一个较大的限制因素。配套设施要求高：施肥期相对集中，为了保证施肥效果，我们需要配备专业化的搅拌设备，使粪污均匀；施肥机械，提高施肥效率；农田施用管网，精准输送粪肥。这无疑增加了设备采购和维护成本。运输局限性：粪污长距离运输费用高昂，这就导致其施用范围受到极大限制，只能在一定的近距离范围内进行施用。

适用范围：适用于猪场采用的水泡粪、水冲清粪工艺，以及奶牛场的自动刮粪回冲工艺，这些工艺产生的粪污总固体含量小于15%，符合该处理模式的要求。我们需要有与粪污养分量相匹配的农田，以便将处理后的粪肥合理施用，实现资源的有效利用。

(2)粪便堆肥利用模式

粪便堆肥还田是最传统、最经济的粪便处理方式，适用于农村、有足够农田消纳养殖场粪便的地区，猪、牛、鸡、羊等养殖场可采取“农作物秸秆-青贮(氨化)-饲养-粪便(堆肥)-农作物”种养结合利用模式，通过种植饲草饲料作物，经过加工给养殖场提供饲草料，再将畜禽产生的粪便经过处理后还田，实现了农业生产的良性循环和农业废弃物的利用，并体现了“秸秆资源化，粪便无害化”的优势。

在大型畜禽养殖场，处理固态排泄物大多采用各类堆肥技术。拿生猪、肉牛、蛋鸡、肉鸡和羊的规模化养殖场来说，常见的堆肥方式有好几种，包括条垛式堆肥、槽式发酵、筒仓式处理、高低架发酵床及异位发酵床等工艺。这些技术通过好氧发酵过程实现排泄物的无害化处理，处理后的产物既可直接用于周边农田施肥，也可进一步加工制成商品有机肥。①

1)发酵床概述

发酵床技术是基于控制养殖粪污排放的一种养殖模式，可减少用水量约2/3。发酵床在畜禽养殖中发挥着独特作用，它能够有效分解畜禽养殖产生的粪污，同时促进微生物氮和可溶性氮的生成。在翻拱操作过程中，这些氮会被生猪食入，如此一来，我们便可以减少饲料中氮的添加量，这不仅能提高猪的增重率，还能提升饲料利用率。然而，在我国南

---

① 汪利章．有机农业种植技术研究[M]．天津：天津科学技术出版社，2021.

方地区，由于夏季呈现高温高湿的气候特点，发酵床技术的应用面临一些挑战。比如，发酵过程会释放大量热量，使得环境温度过高，生猪在生长过程中不仅要承受自然高温，还要忍受发酵产生的酷热，这对其生长十分不利。此外，发酵床所需的垫料消耗量大，导致养殖成本大幅上升，日常管理难度增加，消毒工作也较为烦琐。而且，消毒过程中产生的有害气体还会对生猪产生毒害作用，严重影响其生长发育。不过，发酵床使用后的垫料也有妥善的处理方式。在高温堆肥处理下，垫料能摇身一变成为有机肥料，这样一来，发酵床垫料不仅能实现无害化处理，还能被资源化利用。发酵床技术运用高温堆肥工艺，把原本的垫料转化为高品质的有机肥料，完美达成废弃物的无害化处理与资源化利用目标。这项技术可不简单，它融合了畜牧养殖、营养科学、环境工程、微生物学及土壤肥料等多个学科的知识，始终秉持“低投入、高效益、零污染”的准则，搭建起一套完整的生态养殖系统。作为规模化养猪发展到新阶段的成果，发酵床技术是现代养猪业朝着可持续发展方向转型的关键体现，引领着行业未来的发展走向。

2)优缺点及适用范围

优点：该技术具有较高的发酵温度，能够较为彻底地实现粪便的无害化处理，且发酵周期较短。此外，堆肥处理还能提升粪便的经济价值。

缺点：发酵过程中可能会释放大量有毒有害气体。

适用场景：适用于家禽养殖场、羊场及采用干清粪工艺的奶牛场和猪场，尤其是那些主要产生固体粪便而无污水排放的场所。

(二)清洁回用

1. 清洁回用概述

(1)清洁回用概念

清洁回用模式以资源高效利用为导向，通过集成创新技术实现养殖废弃物的循环利用。这种模式在粪污收集上采用机械干清粪搭配高压冲洗的节水办法，严格把控水资源的使用量。同时，采取遮雨和防渗的手段，保证雨水和污水分开，粪水通过密闭管道输送。在处理阶段，先进行固液分离，分离出的液态粪水经过深度处理后重新用于圈舍冲洗等；固态粪便则通过多种渠道实现资源化利用，比如制成堆肥、用作垫料、成为栽培基质、培育食用菌、投入生物养殖或者制备燃料。该模式按照“资源化、减量化、无害化”的理念，打造出一套完整的粪污处理与资源化利用体系。

(2)工艺流程

清洁回用模式以严格控制养殖过程用水量为前提，通过一系列科学的处理流程，实现畜禽养殖粪便的高效处理与资源循环利用。在粪便收集环节，采用节水清粪等方式，从源头减少污水产生。场内粪水通过管网输送，全面实行雨污分流，确保粪水在收集和运输过程中不受污染。对收集的粪水进行固液分离，液态部分经过“厌氧-好氧”联合处理工艺，在达到消毒标准后回用于场内清洁作业，形成水资源闭路循环；固态部分则通过多元化途径实现资源化利用，包括高温堆肥制备有机肥、加工栽培基质、作为牛床垫料、制作生物质燃料、培育食用菌及开展蚯蚓和蝇蛆养殖等。

在猪场中，猪舍运用节水清粪技术收集粪便。粪水经固液分离后，采用厌氧生物处理和膜生物反应器等工艺进行深度处理，处理达标后的水可用于场内粪沟或圈栏冲洗，有效节约了水资源。分离出的固体干粪则用于生产有机肥、栽培基质等，实现了废弃物的变废为宝。

牛场的粪便处理同样高效有序。牛舍的粪便和牛卧床垫料通过刮粪板收集进入集粪沟，再经水冲进入集粪池。集粪池内安装切割泵和搅拌装置，确保粪便充分混合均匀。混合后的粪液经切割泵输送至固液分离机，分离出的固态物含水率低，便于运输和后续利用，可直接作为牛卧床垫料或经堆肥处理后用于农业生产。液态部分进入粪水池，部分通过冲洗泵回用于场内清洁，剩余部分可用于沼气生产或深度处理后达标排放。

2. 具体模式

(1)粪便基质化利用模式

以畜禽排泄物、食用菌栽培废料和农作物秸秆为原料，通过堆肥发酵工艺生产栽培基质，用于果蔬种植。

主要优点：实现了农业废弃物的循环利用，构建了“养殖-种植-食用菌”三位一体的生态农业体系，提高了资源利用效率，减少了环境污染。

主要缺点：生产工艺复杂，技术要求高，需要操作人员具备专业知识和技能，且培训周期较长。

适用范围：这种模式特别适合具备一定技术基础和管理能力的大中型生态农业企业，以及注重生态效益的小型家庭农场。

(2)粪便垫料化利用模式

考虑到奶牛粪便有着纤维素含量高、质地较为松软的特点，规模化养殖场采用了专门的处理流程。一开始，先对奶牛产生的粪污实施固液分离操作，把固态和液态的部分分离开来。分离出来的固态部分，利用好氧发酵的方式，让其达到无害化处理的标准，处理后的产物还能重新当作牛卧床垫料继续使用；而液态部分，经过一段时间的贮存，就可以当作肥料施用到农田里，实现资源的有效利用。

主要优点：利用粪便替代传统垫料(如沙土)，既实现了资源循环利用，又降低了后续处理难度和处理成本，减少了资源浪费。

主要缺点：不过，如果作为垫料的牛粪无害化处理不够彻底，可能会残留有害微生物或病原体，从而带来一定的生物安全风险，威胁奶牛健康。

适用范围：适用于规模奶牛场。

(3)粪便饲料化利用模式

在畜禽养殖中，将干清粪便用于养殖蚯蚓、蝇蛆及黑水虻等资源昆虫，所生产的有机肥可用于农业种植，而养殖的昆虫则可用于制作饲料。

主要优点：这种创新模式突破了传统微生物处理方法的局限，实现了粪便处理的集约化、标准化管理。其优势主要体现在三个方面：一是运营成本较低，经济效益显著；二是资源化利用率高，实现了废弃物的高效转化；三是处理过程清洁环保，无二次污染。

主要缺点：资源昆虫的养殖对技术要求较高，需要配备专业的技术人员进行操作和管理。

适用范围：适用于适度规模的猪场和鸡场。

(4)粪便燃料化利用模式(生物干化、生物质压块燃料)

该模式通过搅拌、脱水、挤压等工艺，将畜禽粪便加工成生物质燃料颗粒。

主要优点：制成的生物质燃料可作为燃煤替代品，具有价格优势和环保效益，能有效减少二氧化碳和二氧化硫排放。

主要缺点：粪便脱水干燥过程能耗较高，增加了处理成本。

适用范围：特别适合城市和工业燃煤需求旺盛的地区，为这些地区提供了可再生的清洁能源选择。

第二节　秸秆综合利用技术

一、秸秆饲料利用技术

(一)秸秆饲料利用技术概述

农作物秸秆的主要成分是粗纤维，通常占干物质总量的20%~50%。这些粗纤维主要由纤维素、半纤维素和木质素等复杂碳水化合物组成，具有以下特性：首先，其结构稳定，难以被动物消化酶直接分解，主要依赖消化道微生物的发酵作用；其次，木质素与糖类形成紧密复合物，阻碍了微生物和酶的作用，导致消化率和能量利用率低下；最后，秸秆蛋白质含量不足，缺乏必需营养素，限制了其在动物饲料中的应用价值。提高秸秆饲料价值的关键在于通过添加尿素等非蛋白氮等特殊物质，改善其营养结构，为动物消化吸收创造有利条件。①

秸秆饲料的加工方法主要分为物理处理、化学处理和生物处理三种。物理处理如膨化、蒸煮、粉碎等，操作简单且易于推广，但通常无法显著提升饲料的营养价值。化学处理虽然能够显著改善适口性和消化率，但存在两个主要问题：一是化学试剂使用量难以精确控制，可能产生残留风险；二是处理成本较高，不利于大规模推广应用。生物处理虽然能够提高秸秆的营养价值，但对操作技术要求严格，处理过程中容易出现腐烂变质。总之，各地应根据当地的实际情况，采取不同的处理措施，加大对秸秆的开发力度。

(二)作物秸秆的物理处理

1. 切短、粉碎及软化

在农村，物理处理法是较为常用的秸秆处理手段，主要涵盖切短、粉碎和软化等工艺。这些方法通过改变秸秆的物理形态，有效提升了秸秆的利用效率。一方面，秸秆经处理后体积减小，适口性得到改善，动物采食量可提高 20%～30%；另一方面，处理后的秸秆表面积增大，更有利于瘤胃微生物的附着与分解，从而提高了消化率。但该方法存在局限性：一是无法改善秸秆的营养成分；二是过度粉碎可能导致养分流失。因此，在实际应用中我们需要根据畜禽种类和生长阶段调整处理程度。

2. 粉碎后压块成型

秸秆压块饲料加工工艺包括以下关键步骤：首先将秸秆切割成 5 厘米左右的段状，经烘干处理将含水量降至 16%左右，然后通过专用设备压制成型。成品饲料的外形一般是圆柱体或者方块状，它的截面大小是 32 毫米×32 毫米，长度能够在 20 毫米到 80 毫米这个范围里进行调整。在压制秸秆块的时候，我们可以依据牲畜的喂食需求，按照科学合理的配方，压制出适配不同年龄阶段牲畜的饼块状饲料。

压块饲料具有以下优点：

储存性能提升：密度增加 6～10 倍，含水率低于 14%，保质期达 6～8 个月，便于储运。

营养价值改善：高温挤压破坏纤维结构，消化率提高 25%。

适口性增强：具有糊香味和甜度，采食量增加，饲料转化率提升 10%～12%，产奶量提高 16.4%。

利用效率提高：资源利用率提升 50%，成品率高达 97%。

① 李国志．农业废弃物综合利用理论与实践[M]．哈尔滨：东北林业大学出版社，2021.

卫生条件优化：高温处理确保饲料安全，降低疾病风险。

生产灵活性：可全年加工，不与农忙季节冲突。

然而，秸秆压块设备如挤压式环模压块机和平模压块机在技术上仍存在散热不良、内腔堵塞等问题，制约了其进一步发展。

3. 秸秆挤压膨化技术

(1)秸秆挤压膨化原理及设备

秸秆挤压膨化技术是新兴的饲料加工技术。该技术可将玉米秸、花生秧、稻草、杂草等农作物秸秆变成芳香可口、营养丰富的优质颗粒饲料，直接用于喂猪、鸡、牛、羊、鱼等，从而实现低投入、高产出的秸秆养畜和过腹还田。

秸秆挤压膨化工艺是一种利用机械力量将秸秆转变为蓬松饲料的方法。此工艺首先调整秸秆的湿度，然后将其导入专用的挤压装置。在装置内部，秸秆与螺旋推进器及腔体内壁的摩擦和压缩作用形成高温高压条件。当秸秆从装置的出口喷出时，压力的骤降促使其体积急剧膨胀。

生产膨化秸秆的关键设备是螺旋挤压膨化机，该设备由几个主要组件构成：进料装置、压缩室、控制系统及动力传递机构。压缩室作为设备的心脏，包含螺旋轴、筒体和喷嘴。螺旋轴的设计具有变化的螺旋间距和螺纹高度，使得压缩室内的空间逐步减小，进而增强内部压力。在膨化过程中，秸秆在高温高压环境下与螺旋轴和腔体内壁产生摩擦和剪切，温度攀升至110℃以上，导致秸秆中的木质素熔解，部分氢键断裂，木质素、纤维素和半纤维素发生水解反应。当秸秆通过喷嘴射出来时，由于压力的快速下降和蒸汽的迅速扩散，秸秆被撕裂，细胞壁变得松散，表面积增大。这种加工方式使得饲料在动物消化过程中更容易与消化酶相互作用，显著提升了消化效率和摄食量。

(2)加工工艺

秸秆挤压膨化加工的流程包括以下几个步骤：清理、破碎、调节、膨化、降温及封装。

首先，清理过程。通过手工方式清除秸秆中的砂石、金属碎片等异物，以避免对设备造成损害并确保膨化效果。

其次，破碎环节。使用筛孔直径为3.0至6.0毫米的锤片式破碎机对秸秆进行破碎，以降低秸秆的粒度，确保调节均匀并提升膨化效率。破碎时，筛孔直径宜稍小，以便秸秆更细，增加表面积，加快水分的吸收，有利于调节过程，同时也能提高膨化产量。但破碎过细会导致能耗增加和破碎机产量下降。经验显示，将破碎粒度控制在3.0至4.0毫米为佳。

再次，调节步骤。将粉碎后的秸秆置入调节设备中，依据秸秆的初始湿度适量添加水分并充分混合，以提升其膨化加工的效率。调节后的秸秆湿度需适中，若湿度过低，会增加剪切力和摩擦力，导致膨化机内部温度迅速升高，秸秆容易炭化；若湿度过高，则会使膨化机内部温度和压力不足，影响膨化效果。一般而言，秸秆的湿度应保持在 20%~30%，而豆类秸秆则应为 25%~35%。

复次，膨化阶段。将调节适宜的秸秆通过进料口送入膨化机的压缩室，在螺旋轴的推进和高温高压的共同作用下完成膨化。加工过程中，压缩室的温度应保持在 120~140℃，压力应维持在 1.5~2.0MPa。

最后，降温及封装处理。膨化后的秸秆应在空气中自然冷却后再进行包装。如果立即包装，由于秸秆温度较高(通常在 75~90℃)，包装袋中心的秸秆热量难以散发，可能导致焦糊，影响其营养价值和口感。

(3)产品营养成分分析

挤压膨化加工对秸秆中粗蛋白和粗脂肪含量的影响较小，但会降低动物消化吸收的粗纤维和酸性洗涤纤维的含量(以干基计)，同时提高易吸收的无氮浸出物含量。

(4)膨化饲料的特点

首先，促进微生物繁殖，提高消化效率。通过挤压膨化工艺处理后的农作物秸秆，在热能与机械力的双重作用下，被分解为蓬松的絮状结构，纤维细胞和表面的木质成分得以重新排列。这种结构变化为微生物的生长和繁殖创造了有利环境，进而显著提升了牲畜对秸秆的消化和吸收效率。

其次，改善饲料口感，增加采食量。膨化后的秸秆变得松软，带有类似炒烟的香气，这种风味的提升使得饲料更加吸引牲畜，可以部分替代传统饲料，不仅提高了牲畜的采食率，还有助于降低饲料成本，实现经济效益的提升。

最后，便于存储和运输。挤压膨化处理后的秸秆体积比原来减少了 40%~50%，这样的体积缩减大大方便了秸秆的储存和运输，减少了空间占用和运输成本。

4. 热喷处理

(1)热喷处理的原理和优点

秸秆热喷处理技术操作流程是这样的：先把农作物秸秆切成大概 8 厘米长的小段，再将其与饼粕、鸡粪等混合均匀。接着，把这些混合物料放进饲料热喷机里，让它们处在高温高压的饱和蒸汽环境中，保持一段时间。之后，突然降低压力，使物料瞬间喷爆出来。通过这一系列操作，物料的结构和部分化学成分发生改变，同时还能完成消毒和除臭，从而大大提高物料的适口性，让其营养价值也显著提升。热喷饲料的优势包括：

首先，该技术通过持续的热力和机械作用，消除了非常规饲料中的消化障碍，基本去除了表面的角质层和硅细胞覆盖，降低了纤维素的结晶度，为微生物的繁殖和发酵创造了有利条件。

其次，细胞释放后，饲料颗粒变得更加细小，密度有所增加，总体积则减小了，然而其总表面积却是增大的。经过热喷处理的秸秆饲料，在提升动物采食量和利用率方面效果显著。相关研究表明，秸秆经过处理后，体外有机物消化率提升了 30%～100%，并且湿热喷处理的粗饲料，其消化率比干热喷处理的还要高出 14%～140%。

再次，往热喷秸秆里添加尿素等多种非蛋白氮作为添加剂，不仅能提高粗蛋白含量，还能让氨在瘤胃中的释放速度变慢。

复次，秸秆经热喷处理后，全株采食率从原来的 50%大幅跃升至 90%以上，消化率更是提高了 50%不止。热喷装置的功能还远不止于此，它还能为菜籽饼、棉籽饼等去除毒素，对鸡、鸭、牛粪等进行除臭与灭菌处理，使其转化为蛋白质饲料。

最后，热喷处理方式十分契合工厂以机械化手段大规模处理各类秸秆。不仅如此，它还能够将其他林木副产品及畜禽粪便转化为优质饲料。经处理的饲料，可借助成型机加工成颗粒状、小块状或者砖型等多种形状。如此一来，其不仅便于运输，在给牲畜喂食时，也兼具经济性与卫生性。

(2) 饲料热喷机

秸秆饲料热喷技术依赖于一套专门设计的设备系统。该过程始于将原料通过铡草机进行切碎，随后送入贮料罐。随后，利用进料漏斗，将物料一批一批地装进位于地下的压力罐。装完后，把压力罐密封好，接着从由锅炉供应蒸汽的管道，向压力罐内注入 0.5～1MPa 的低中压蒸汽。在注入蒸汽的过程中，我们通过进气阀来控制进气量和罐内压力。蒸汽注入后，让物料在这种环境下保持 1 至 30 分钟。时间一到，打开排料阀开始减压，秸秆就会在压力差的作用下喷放，进入泄力罐。喷放出的秸秆可以直接用于喂养牲畜，也可以通过压制形成便于储存和运输的形态。该设备的压力罐容量为 0.9 立方米，每小时可处理 300 至 400 千克的物料，每小时耗煤量为 50 千克，热喷处理一吨秸秆的成本大约为 20 元。

(三) 作物秸秆的化学处理

化学处理法是用专门的化学试剂来处理作物秸秆，目的是打破秸秆细胞壁里半纤维素和木质素之间的共价键。一旦这些共价键被破坏，瘤胃微生物就能更顺利地分解纤维素和半纤维素，这样一来，秸秆的消化率得以提高，营养价值也跟着增强了。[①] 秸秆化学处理效果的好坏、成本的高低和有无环境污染等问题，经历了一个漫长的演变与发展过程，直到目前，人们还在探索一种更为满意的处理方法。

1. 碱化处理

碱化处理的原理基于特定浓度的碱液（一般占秸秆干物质的 3%～5%），它能破坏粗纤维里纤维素、半纤维素和木质素之间的醚键或者酯键，还能溶解掉大部分的木质素和硅酸

① 陈文在，吕继运．现代设施农业生产技术[M]．西安：陕西科学技术出版社，2020.

盐，进而提高秸秆饲料的营养价值。

在碱化处理秸秆时，常用氢氧化钠，主要有两种操作方式：

首先是湿法处理，它能有效提升秸秆和其他粗饲料的营养价值。可缺点也很明显，处理每吨秸秆，需要耗费 8~10kg 的碱和 3~5L 的水，而且在冲洗环节，会损失 20%的可溶性营养物质。湿法处理又可以细分为贝克曼法、轮流喷洒法和浸蘸处理法。

其次是干法处理，把浓度为 20%~40%的浓氢氧化钠溶液，以 30mL/100g 的比例，喷洒在粉碎或切短的秸秆上，之后再用酸进行中和。干法处理又能分为工业化处理法和农场处理法。

碱化法在处理秸秆时，由于需要投入大量的碱，后续还得用大量水冲洗，这很容易造成环境污染，所以在实际生产中，它的应用并不广泛。也有科研人员尝试用硫酸、盐酸、磷酸、甲酸等酸来处理秸秆，可处理后的效果还是不如碱化法，尽管两种处理方式的原理基本上是相同的。

2. 氧化剂处理

氧化剂处理技术是利用植物木质化纤维素对氧化剂较为敏感这一特性。主要采用的氧化剂有二氧化硫（SO_2）、臭氧（O_3）及碱性过氧化氢等。这些氧化剂作用显著，它们能够打断木质素分子之间的共价键，还能溶解掉一部分半纤维素和木质素。经过这样的作用后，纤维基质中就会形成较大的空隙。而这种结构上的改变，会让纤维素酶与细胞壁成分的接触面积大幅增加，最终使得饲料的消化率得到明显提升。

（1）SO_2 处理

用二氧化硫处理秸秆，确实能破坏秸秆里木质素的结构，还能提升消化率，可问题也不少。最明显的是，经 SO_2 处理后的秸秆，适口性变差了，家畜都不太愿意吃。另外，处理过程会导致维生素 B_1 的破坏，从而影响家畜的营养摄入。此外，SO_2 处理还可能增加家畜体内的酸性负担，干扰其能量代谢过程，进而对家畜的健康和生产性能产生不利影响。

（2）臭氧处理

臭氧处理法，就是把臭氧直接通入装有秸秆的密闭容器。处理结束后，秸秆的颜色会有明显改变。和用氢氧化钠（NaOH）处理相比，臭氧处理效果更突出。臭氧处理秸秆的优势十分突出。它可以显著提升秸秆在体外对有机物的消化能力，快速分解那些难以被降解的成分。经臭氧处理，原料的酶水解效率得到提高，可发酵糖的产出量也有所增加。在相关研究中，对秸秆进行臭氧预处理，通过测定室温下固定床反应器的运行参数，我们便能明确这些参数对处理成效产生何种影响。

（3）AHP 处理

在利用过氧化氢处理秸秆时，需将 pH 维持在 11 以上，只有这样，我们才能够有效降解木质素。不过，碱性过氧化氢处理的效果要更加显著。这类氧化剂处理方式，能够从根本上破坏木质素与纤维素之间的连接，从而使秸秆的消化率得到大幅度提升。从长远发展来看，氧化剂处理技术极有可能成为秸秆处理的重要发展方向。但目前因为成本偏高，在实际生产中我们还没办法大规模推广应用。

二、秸秆能源技术

(一)秸秆直接燃烧供热技术

直接燃烧秸秆是一种传统的获取能量的方式，它的成本相对较低，在推广方面也不存在太大困难。秸秆的主要构成物质是碳水化合物，倘若能够实现充分燃烧，那么秸秆就可以作为清洁的可再生能源来使用。粮食作物秸秆蕴含的能量，和它燃烧释放出的能量差不多，有挺高的利用价值。

秸秆直接燃烧供热技术，对秸秆主产区的中小型乡镇企业、乡镇政府单位、中小学校，以及居住较为集中的乡镇居民来说，尤为适用。通过这项技术，我们能为这些对象供应生产、生活所需的热水，也能满足冬季取暖需求。这项技术好处多多，既能把农村大量剩余的秸秆有效消耗掉，又能把废弃秸秆变成商品燃料，给农民开辟新的经济增收渠道。

(二)秸秆气化集中供气技术

1. 秸秆气化技术的原理和内容

秸秆气化技术是高效利用生物能的重要途径。它借助气化装置，让秸秆、杂草及林木加工剩下的废料，在缺氧环境下进行加热反应，从而转变成可燃气体。具体步骤如下：先把秸秆适度粉碎，然后通过螺旋给料机或者人工加料的方式，从顶部将其送入固定床下吸式气化反应器。在不完全燃烧的状况下，产出的粗煤气(产生炉煤气)，先经过净化器里的两级除尘器除去灰尘，再通过一级管式冷却器降低湿度并去除焦油，最后经箱式过滤器进一步净化，接着由罗茨风机加压，输送到湿式贮气柜，最终通过管道供用户使用。

秸秆气化机组是把生物质原料变成气体燃料的关键设备，主要由加料器、气化炉、燃气净化器和燃气输送机构成。干燥的秸秆被切成 15 至 20 毫米长后进入汽化炉，历经热解、氧化和还原反应，转化为可燃气体。燃气在净化器中被去除灰尘和焦油等杂质后，由燃气输送机送入输配系统。

燃气输配系统的主要职责，是将燃气稳定且持续地输送到每一户农户家中，同时确保燃气压力始终维持在稳定状态。该系统由贮气柜、各类附属设备及地下燃气管网共同构成。贮气柜在整个系统中起着关键作用，它是平衡燃气负荷波动、稳定系统压力的核心设施。其工作原理是借助钟罩的升降，来灵活调控燃气的储存量和释放量。这样一来，不管用户的用气量如何变化，它都能从容应对。例如，在夜间或是做饭的间隙时段，用户用气相对零散，贮气柜就可以及时供应燃气。正因有了贮气柜的存在，即便气化机组只能间歇性运行，整个燃气输配系统也能做到不间断地为用户输送燃气，保证用户的正常使用。贮气柜的压力由钟罩和配重的重量决定，通常维持在 3000 至 4000 帕，可满足 1 千米以内的输送需求。

燃气管网是将燃气输送到用户的通道，由干管、支管、用户引入管和室内管道等组成。干管和支管采用浅层直埋的方式铺设在地下，需使用符合国家标准的埋地聚乙烯塑料管道和管件。

用户燃气系统包括煤气表、滤清器、阀门和专用燃气灶具等设备。滤清器中装有活性炭，用于过滤燃气中的残余杂质。燃气灶具必须采用专门为低热值燃气设计的型号，以确保安全高效使用。

2. 秸秆气化技术的优势

(1)变废为宝

在农村，秸秆气化技术所需原料极为充足。在产棉区、玉米产区，以及竹木加工厂、粮油加工厂的周边，秸秆、木屑、竹木边角废料和谷壳等废弃物堆积如山。这些废弃物不仅占用了大量空间，还严重污染了周边环境，成了亟待解决的难题。通过秸秆气化技术，我们不仅可以有效处理这些废弃物，还能将其转化为方便、清洁的燃气，同时产生的废渣可以烧制成草木灰，作为钾肥还田，实现资源的多重利用。

(2)经济可行

秸秆气化成本主要由供气规模、社会经济发展程度、农村生活习惯等决定。

(3)优势明显

秸秆制气作为一种能源利用方式，具有成本低、操作简便、清洁卫生且不受自然条件限制等显著优势。与其他能源相比，秸秆制气不仅经济实惠，还能节省时间和人力，使用方便快捷。推行秸秆制气技术，好处多多。一方面，能扭转农村长期焚烧秸秆的旧习，有效减轻大气污染；另一方面，可大幅降低农村生活对柴草的依存度，进而保护植被，助力生态环境朝着更好的方向发展。

3. 秸秆气化集中供气系统操作过程中的安全隐患及安全保障措施

(1)安全隐患

当下，秸秆气化集中供气主要有间接加热的干馏气化与空气氧化气化这两条工艺路线。不过，它们都隐藏着一些安全问题，具体如下：

第一个问题是气体置换难题：在设备开工之前，我们必须把设备和管网里面的空气置换成燃气。在农村地区，因为缺乏氮气来源，常常直接使用燃气来置换空气。但是，这种做法存在两个重大风险。一方面，在置换过程中，气体会经过爆炸临界浓度阶段，只要有火源出现，就极有可能引发爆炸；另一方面，如果置换不够彻底，设备和管网中残留有氧气，同样也很容易引发爆炸事故。

第二个问题是罗茨风机存在失控风险。罗茨风机作为燃气排送的关键设备，属于定容式机械，它的排送量需要靠打回路的方式来调节，这就要求操作人员根据入口压力人工去调整回路量。一旦操作员稍有疏忽，在入口负压较大的时候，空气就会趁机进入气柜。这些空气要是长时间累积，就有可能引发气柜整体爆炸的严重后果。此外，在采用氧化法工艺的气化系统中，汽化炉是在负压环境下工作的。如果炉内床层分布不均匀，反应进行得不够理想，就可能出现“穿透”现象。这种情况下，大量空气会被引入气柜，同样给整个系统带来极大的安全隐患。

第三个问题是设备存在泄漏和破损隐患。设备出现漏气的原因多种多样，像加工制作时质量不过关，选材不符合要求，防腐防护措施做得不到位等。尤其需要注意的是，地上安装的燃气设备，千万不能使用塑料树脂材料。因为一旦有外来火源，就很容易把这类材质的设备烧出漏洞，从而引发更为严重的安全事故。

第四个问题是热备开炉存在爆炸隐患。在做饭时间开启炉子供应燃气，其他时段则让炉子处于热备停炉状态的系统里，热备期间炉膛温度能达到600~1000℃。即便风机停止运转，由于干馏热解反应在300℃以上就能发生，炉膛内依然会持续这一反应。这就导致炉膛中积聚了大量高热值的干馏燃气，其中氢气(H_2)、甲烷(CH_4)的含量较高。在开炉启动风机，空气瞬间被吸入的那一刻，炉膛发生爆炸的风险极高。

第五个问题是示火孔有爆炸风险。在秸秆供气系统中，通常会在排送机出口设置长明点火孔，目的是通过观察火焰状态判断燃气是否合格。当示火孔火焰熄灭后重新点火时，开炉初期炉内氧化反应还未步入正轨，此时产生的不合格气体需要及时排放，绝不能进入气柜。但从气体不可燃过渡到可燃的过程中，会经历一段可爆阶段，一旦在这个阶段点燃示火孔，爆炸事故就很容易发生。

第六个问题是燃气使用存在风险。一旦燃气泄漏到空气中，极有可能造成人员中毒，甚至引发爆炸。某些燃气热值偏低，在室温较低的情况下，就很容易自动熄火，进而导致燃气泄漏。采用间歇供气方式时，也容易出现问题，像是在没气的时候打开了阀门，却忘记关闭，等再次供气时，就会造成燃气泄漏。而且，某些燃气不仅热值低，使用量还比较大，要是厨房空间狭小，通风条件又不好，燃烧产生的废气无法及时排出，同样会使人中毒。

第七个问题是检修时潜藏爆炸风险。对燃气设备进行检修作业时，倘若没有彻底排净设备内的燃气，一旦进行动火操作，极易引发爆炸事故。

第八个问题是电器打火可能引发爆炸。在燃气生产车间，燃气泄漏情况难以避免。要是车间所使用的电器并非防爆型，电器产生的打火现象，就很容易成为引爆泄漏燃气的导火索，从而引发爆炸。

第九个问题是供气管网存在损坏风险。通向用户的供气管网铺设路线长，覆盖区域大，一旦管道出现损坏，燃气发生泄漏，很难在第一时间被发现。这种情况下，极有可能导致人员中毒，甚至引发火灾。

第十个问题是面临突发事故风险。在生产期间，无论是设备故障、操作失误，还是机械故障、自然灾害等事故，都有可能造成燃气泄漏，从而引发人员中毒、着火或爆炸等严重后果。

(2)安全保障措施

为切实保障秸秆气化集中供气系统能够安全稳定运行，我们可借助科学合理的方法，有效排除潜在的安全隐患。基于长期积累的实践经验，我们总结出了如下一系列安全保障措施：

其一是气体置换环节。在开工之前，所有与燃气相连通的设备及管路，都务必开展严格的气体置换工作。置换是否达标，要通过专业的气体成分分析来判定，并且在整个置换过程中，其周围绝对禁止出现明火。除此之外，我们还需进行爆鸣试验，具体做法是用球胆收集气体，然后在其他地方点燃，观察是否会发生爆炸。

其二，针对燃气排送机运行状况，必须安排专人进行实时监控。同时，我们要配备能够准确显示压力、流量的指示仪表，最好还能安装自动报警装置，以便及时察觉异常情况。

其三，燃气设备从设计、制作，到安装及防腐处理，都必须严格遵循国家标准来执行，并且应由具备相应专业资质的人员负责操作。

其四，在热备开炉操作方面，我们一定要严格依照操作规程进行。在此过程中，我们要配备燃气成分分析仪器，以及能够显示温度、压力的指示仪表。在向气柜输送气体之前，必须先进行爆鸣试验，确认安全后再进行下一步操作。

其五，开炉之后，在示火孔点火之前，同样需要进行爆鸣试验，只有确保安全无误后，方可点火。

其六，对于家庭使用燃气的安全，要保证使用燃气的场所通风条件良好，炉灶前方必须有人看守，防止出现意外情况。连接灶具的软管长度应控制在不超过 2 米的范围内。气柜的容量要足够大，确保即便在停炉期间，也能够满足用户的用气需求。

其七，当进行燃气设备检修时，要用空气将设备内部的燃气彻底吹扫干净。对于大型设备，在动火之前，需要采集气样进行爆鸣试验，只有试验合格，才能进行动火操作。

其八，在燃气生产过程中，设备所使用的电机、电开关及车间内的各类电器，都必须采用防爆型产品，以此避免因电器产生的火花引发安全事故。

其九，关于供气管网的安全，管网要埋设在防冻层以下，并且要选用符合国家标准的材质，按照标准的施工方法进行铺设。在管路通过的地方，要埋设警示桩和警示带，提醒人们注意。

其十，燃气生产企业必须建立严谨的管理制度及明确的岗位责任制，同时要配备相应的分析仪器。于生产现场，需配备完备的消防设施，诸如消防水池、消火栓之类。同时，务必保证可燃物料、气柜与车间之间维持安全间距。在设备安装环节，我们要设置性能良好的接地与防雷装置，还得留出足够宽度的安全通道。所有操作人员在上岗前，必须参加全面的安全培训，通过相关考核，获得对应证书后，才能正式上岗作业。

(三)秸秆压块成型炭化技术

1. 成型“秸秆炭”

秸秆中的纤维素、半纤维素和木质素在200～300℃软化，在此基础上，通过粉碎、添加黏结剂和水混合，再施加压力，使得秸秆的这些成分相互作用并固化成型，最终形成“秸秆炭”。这种秸秆炭具有一定的机械强度，容重为1.2至1.4克每立方厘米，热值达到14～18兆焦每千克，具有近似于中质烟煤的燃烧性能，而含硫量低、灰分小。[①] 它独特的优点是：

第一，体积小，贮运方便。

第二，品位较高，利用率可提高到40%左右。

第三，使用方便，用纸即可点燃，加入引燃剂后，可用火柴点燃。

第四，干净卫生，燃烧时无有害气体，不污染环境。

第五，该工艺流程简洁，能够根据需求生产出不同形状、规格和品质的燃料产品，适合进行商业化生产和销售。

第六，秸秆炭不仅可以用于民用燃料和锅炉燃烧，还可通过热解气化生产煤气，具有多种用途。

2. 秸秆“生物煤”

炭化技术是一种通过炭化炉对秸秆压块进行深度加工处理的技术，其最终能将秸秆压块转化为多种形状的固体成型燃料，如蜂窝煤状、棒状、颗粒状等。该燃料具备诸多优点，不仅容易点燃，而且干净整洁、使用便捷，燃烧效率也很高，同时对环境造成的污染相对较小，所以人们将其称作“生物煤”。生产1t生物煤成本约70元，在非产煤区比煤炭

① 吴南生，朱述斌，游金明．农业生产技术[M]．南昌：江西科学技术出版社，2020.

更便宜，因此值得大力推广。

随着生态环境保护要求的提高，传统依靠砍伐木材制取木炭的方式已不可持续。基于这种情况，利用各种生物质废弃物来制造压块炭化燃料，已成为如今新的发展趋势。当下，欧美、日韩等国家和地区，都在积极地想在中国寻找合作伙伴，共同携手推进炭化成型燃料的生产工作。与此同时，国内市场对于生物质压块成型燃料的需求极为旺盛，其展现出了巨大的市场潜力。经由国内科研单位与生产厂家坚持不懈的努力，其现已成功研制出秸秆压块成型及炭化设备，该设备能够连续稳定运行超过1000小时。

3. 秸秆成型燃料利用途径

(1)农村生活用能

要是在传统柴灶里直接用成型燃料，能节省差不多一半的秸秆用量。不过，我们得对原本那种直接散烧秸秆的炉灶做点简单改造，比如装上炉篦，想办法降低着火点。用这种成型燃料做饭，一顿饭只需添加3至4次燃料就行，1千克燃料就能烧40至50分钟，操作也不难，一个人就能轻松搞定。成型燃料的体积仅为原始秸秆的五分之一，便于储存，即使在阴雨天气也不必担心秸秆受潮。当在专用炉具里燃烧成型燃料，其热效率能够超过50%。就拿安徽阜阳所研发的炉具来说，它采用的是上点火的方式，在燃烧成型燃料过程中，完全不会产生烟雾，火焰呈现出类似煤气的蓝色。仅仅0.65千克的成型燃料，就能够持续燃烧1小时以上。这样的炉具用途广泛，不仅能满足做饭的炊事需求，还可以用来取暖。不过，这种炉具的点火过程相对不太方便。

(2)工业用途

在工业领域，化铁炉和锅炉在点火时通常需要消耗大量劈柴，而劈柴的价格甚至高于煤炭。成型燃料可以作为劈柴的替代品用于点火，不仅节省了森林资源，还降低了成本。这显然是成型燃料走向商品化生产进程中一个至关重要的应用领域。由中国农业机械化种子研究院集团有限公司研发的生物质汽化炉，拥有把废弃生物质转化为高品位气体燃料的性能，对于乡镇企业的热能设备来说，其适用性极高。不过，要是采用锯末、稻糠这类尺寸过小的生物质材料，就很容易出现“架桥”或者“穿孔”状况。这不仅会给操作带来诸多不便，还会让气化效率大打折扣。但要是搭配使用秸秆成型燃料，就能够有效提升气化效率，进而拓展汽化炉的适用范围。

(3)生产成型炭

成型燃料在经历450℃的干馏炭化过程后，大致每3千克的成型燃料就能产出1千克成型炭。这种成型炭在硬度和密度方面，都要优于传统木材烧制而成的木炭。这一特性使得它能够在冶炼有色金属及合金工业中，代替木炭发挥作用。同时，它还是取暖及烧火锅时颇为理想的燃料选择。并且，成型炭的生产成本相较于传统木炭要低很多。在我国，过去传统的木炭烧制方法，大多以硬质木材作为原材料。通常情况下，差不多得耗费 10 千克的木材，才能烧制出 1 千克木炭。这种烧制手段，一方面成本特别高；另一方面，对森林生态环境产生了极为严重的破坏。在工业领域的一些特殊生产环节中，木炭仍然是不可或缺的材料。用成型炭替代木炭，不仅能显著降低生产成本，还能减少对森林资源的依赖，具有重要的社会效益和生态效益。

(4)生产活性炭

活性炭在制糖、制药、化工等行业及环境保护领域(像水质处理方面)都有大量应用。如今，环保法规愈发严格，在废水、废气净化处理时，我们对活性炭的需求量也会急剧增多。利用秸秆生产活性炭，不仅可以提供大量低成本的产品，还能减少甚至避免对森林资源的消耗。

第三节　沼气综合利用技术

一、沼气的利用

长久以来，农村地区广泛应用沼气，过去主要用于日常烹饪和照明。但科技发展日新月异，沼气技术也愈发成熟，如今沼气的用途愈发多样，在农村生活的各个方面都展现出显著价值。

(一)沼气烹饪照明

沼气在烹饪和照明领域的应用是借助专用的灶具和灯具来实现的。

1. 沼气灶的类型

沼气灶根据材料可分为铸铁灶、搪瓷面灶和不锈钢面灶；根据燃烧器数量可分为单眼灶和双眼灶。按燃料的热流量(火力大小)分为 8.4MJ/h、10.0MJ/h、11.7MJ/h，最大的为 42MJ/h。

按使用类别分为户用灶、食堂用中餐灶、取暖用红外线灶；根据使用压力的不同，沼气灶可分为 800Pa 和 1600Pa 两种规格。其中，铸铁单眼灶通常适用于 800Pa 的压力，而不锈钢单眼灶或双眼灶则一般采用 1600Pa 的压力。

沼气是一种可燃气体，成分和天然气有相似之处，不过它和天然气并非同一物质。所以，绝不能直接用天然气灶具来替代沼气灶，更不能把煤气灶或者液化气灶改装成沼气灶使用。毕竟，不同的燃烧器都有各自独特的性质，像能燃烧的成分、含量、压力、着火速度及爆炸极限等方面都存在差异。灶具的设计需根据燃烧器的特性进行专门匹配，因此不同燃料的灶具不能混用。使用沼气时，我们必须使用专门的沼气灶，才能确保燃烧效率最大化并保障使用安全。

2. 沼气灶的选择

用户应根据自身的经济状况、沼气池的规模及日常使用需求来挑选合适的沼气灶。对于沼气池容量较大、产气量充足的用户，可选择双眼灶；若沼气池较小、产气量有限，仅能满足日常三餐烹饪需求，则单眼灶更为合适。目前，自动点火且采用不锈钢面板的灶具是较为理想的选择。

3. 沼气灶的应用

使用沼气灶时，我们应遵循“先开气后点火”的原则，并通过调节灶具风门使火焰呈现蓝中带白、急促有力的状态，以达到最佳燃烧效果。

我国农村普遍使用的水压式沼气池，有个明显特点，就是压力不太稳定，波动比较大。一般早上的时候压力偏高，到了中午或者晚上大家用气之后，压力就会降低。所以在使用沼气灶具的时候，我们一定要留意控制好灶前的压力。目前市面上的沼气灶，设计压力主要有 800Pa 和 1600Pa 这两种规格。只有当灶前实际压力跟灶具本身设计的压力差不多的时候，沼气燃烧才能达到最佳状态。若沼气池压力过高，导致灶前压力超过设计压力，虽然火力增大，但热效率降低，造成沼气浪费。因此，在沼气压力较高时，我们应通过调节灶前开关的开启度来控制压力，以提高热效率并节约沼气。

每个沼气池因为投料量不一样、原料种类有差别、池内温度不同及设计压力存在差异，产出沼气的甲烷含量和压力也各不相同，这就直接影响到沼气的热值和压力。沼气燃烧的时候，需要 5~6 倍的空气，所以我们得按照甲烷含量的变化，去调节位于沼气灶面板后下方的调风板开启程度。要是甲烷含量比较高，火焰就会发黄，这时我们就得把风门调大，保证沼气能充分燃烧；要是甲烷含量低，我们就得把风门调小。调节风门大小，可以通过观察火焰的颜色和长度来判断，但一定注意，千万别把调风板完全关上，不然火焰会变得很弱，燃烧不充分，还会产生大量一氧化碳。一般来说，调风板开启到四分之三的程度比较合适，这时候火焰会呈现蓝色。

此外，灶具与锅底之间的间距，需要依据灶具的类型及沼气压力的情况进行调节。倘若距离过大或过小，均会给燃烧效果带来负面作用。适宜的距离应当能够使火焰充分舒展，紧密地贴合在锅底，此时火力旺盛且会发出声响。一般建议灶面与锅底的距离保持在 2 至 4 厘米。

若沼气灶在使用过程中火苗不旺，可能的原因包括：

第一，沼气池产气不足，压力较低。

第二，沼气中甲烷含量少，杂质较多。

第三，灶具设计不合理或质量不佳，导致空气混合不充分，燃烧不完全。

第四，输气管道过细、过长或堵塞，导致沼气流量不足。

第五，灶面与锅底距离不合适。

第六，沼气灶内缺乏废气排出孔，二氧化碳和水蒸气排放不畅。

4. 沼气灯的应用

沼气灯发光依赖灯纱罩燃烧，而烧好新纱罩对延长其使用寿命至关重要。具体烧制流程如下：先把纱罩匀称地绑在沼气灯的燃烧头上，将喷嘴精准插入空气孔下沿，随后用沼气点亮灯，待纱罩全面着火且呈燃红模样，慢慢升高或往后移动喷嘴，借此调节空气进入量，让沼气与空气配比适宜，实现剧烈燃烧。在高温影响下，纱罩会自行收缩，最后发出“乓”的一声，同时散出白光，此时新纱罩就烧制成功了。这里要特别留意，烧制新纱罩时，沼气必须保持充足的压力，只有这样，烧出的纱罩才会饱满，且能发出白光。

若想进一步延长纱罩的使用寿命，我们可以选用透光率良好的玻璃灯罩来保护纱罩。这样一来，既能避免飞蛾之类的昆虫撞到纱罩使其损坏，也能防止纱罩被风吹破。

从制作原理来讲，沼气灯纱罩是用人造纤维或者苎麻纤维织成特定罩形后，放在硝酸钍的碱溶液里浸泡，让纤维充分吸附硝酸钍，随后晾干制成。当纱罩燃烧时，人造纤维会被烧掉，最终仅留下一层二氧化钍白色网架。不过需要警惕的是，二氧化钍是一种有害的白色粉末，它在特定温度下能够发光，但是轻轻一碰就会粉碎。所以，燃烧后的纱罩不能用手或其他物体去触击。

5. 使用沼气灯与灶具的安全事项

第一，要远离易燃物品。沼气灯和灶具周围，绝不能放置柴草、衣物、蚊帐等易燃之物。尤其是在草房环境中，沼气灯与房顶之间必须保持 1 至 1.5 米的距离，避免引发火灾。

第二，要正确放置灶具。沼气灶具应平稳放置在厨房的灶面上进行使用，切不可在床头、桌柜等不合适的地方煮饭烧水，防止发生意外。

第三，注意点火顺序。使用沼气灯或灶具时，一定要先点燃火柴或其他引火物，然后再打开沼气开关进行点火。要是先开开关再点火，极有可能烧伤面部或手部，严重时还会引发火灾。

第四，使用完毕后，务必关闭开关。每次使用完沼气灯或灶具，都要将开关扭紧，防止沼气在室内泄漏扩散，埋下安全隐患。

第五，要定期检查。需经常查看输气管和开关是否存在漏气情况。一旦发现输气管被老鼠咬破，或者因老化出现破裂，应马上进行更换。

第六，要保持通风。使用沼气的房间要保证空气流通顺畅。倘若进入室内闻到一股浓烈的臭鸡蛋味(这是沼气中硫化氢的气味)，应立刻打开门窗通风换气，同时严禁点火或吸烟，避免引发火灾事故。

(二)沼气增温增光增气肥

沼气在北方“四位一体”的温室内通过灶具、灯具燃烧可转化成二氧化碳，在转化的同时，增加了温室内的温度、光照和二氧化碳气肥。[①]

1. 技术要点

第一，增温增光：主要通过点燃沼气灶或沼气灯来实现，最佳燃烧时间为凌晨5：30至8：30。

第二，补充二氧化碳：主要依靠燃烧沼气来完成，适宜的时间段为凌晨6：00至8：00。注意在通风前30分钟应停止燃烧沼气。

第三，设备布局：在温室内，每50平方米设置一盏沼气灯，每100平方米设置一台沼气灶。

2. 注意事项

第一，点燃沼气灶或灯应在凌晨气温较低(低于30℃)时进行，以确保安全并提高燃烧效率。

第二，释放二氧化碳后，需及时进行水肥管理，以维持作物的正常生长需求。

第三，严禁在温棚内堆沤发酵原料，以免产生有害气体影响作物健康。

第四，当1000立方米的日光温室燃烧1.5立方米沼气时，沼气需经过脱硫处理后再燃烧，以防止有害气体对作物造成危害。

(三)沼气作为动力燃料

沼气的主要成分是甲烷，它的燃点是约537℃，而柴油机压缩行程终了时的温度一般只有约700℃，低于甲烷的燃点。由于柴油机本身没有点火装置，因此，在压缩行程上止点前不能点燃沼气。目前，以沼气作为动力燃料时，我们普遍采用柴油引燃沼气的办法，即柴油-沼气混合燃烧(简称“油气混烧”)。该方式延续了柴油机原有的燃油系统，操作十分便捷，只需在柴油机的进气管处安装一个沼气-空气混合器便可。在柴油机的进气行程中，沼气和空气在混合器中混合后进入气缸；在压缩行程接近上止点时，喷油系统会自动

① 谢立勇. 农业自然资源导论[M]. 北京：中国农业大学出版社，2019.

喷入少量柴油(引燃油量)以引燃沼气，从而推动发动机做功。

通过这种方式，柴油机在改造为油气混烧系统时，保留了原有的燃油系统。压缩比、喷油提前角和燃烧室均未变动，不改变原机结构，所以，不影响原机的工作性能。当没有沼气或沼气压力较低时，只要关闭沼气阀，即可成为全柴油燃烧，保持原机的功率和热效率。

(四)沼气灯光诱蛾

沼气灯所发出光线的波长范围处于 300 至 1000 纳米。值得注意的是，好多害虫对 300 到 400 纳米的紫外光有着非常强烈的趋光反应。夏秋时节，沼气池产气量大增，正处于产气高峰期；与此同时，这段时间也是各类害虫成虫频繁活动、大量出没的时期。利用沼气灯的光线诱捕害虫，不仅能为鸡、鸭提供天然饲料，还能有效控制害虫数量，实现一举多得的效果。

1. 技术要点

第一，沼气灯应当悬挂在距离地面或水面 80 至 90 厘米高的地方，这样的高度能让它发挥出最佳的诱虫效果，吸引更多害虫靠近。

第二，如果沼气灯与沼气池之间的距离在 30 米以内，用直径 10 毫米的塑料管做输气管就可以了；但要是距离超过 30 米，就得适当把管径加大。另外，我们还可以在输气管道里加少量的水，制造出气液局部障碍，让沼气灯的灯光出现忽闪的效果，从而更有力地吸引飞蛾等害虫。

第三，在沼气灯的正下方，要放置一个大木盆，盆里装上水，再往水里滴入少量食用油。这样一来，被灯光吸引过来的害虫掉进水里后，翅膀就会被水面上的浮油粘住，动弹不得，最终死亡，而这些死去的害虫就成了鸡鸭的天然饲料。

第四，在距离池塘岸边 2 米的位置，用三根竹竿搭起一个简易的三脚架，把沼气灯稳稳地固定在上面。借助灯光，将害虫吸引到池塘里，成为鱼类的食物，为池塘生态系统提供了天然的饵料补充。

2. 注意事项

诱蛾的最佳时间应结合害虫活动规律，通常前半夜的害虫数量多于后半夜。因此，建议将诱蛾时间控制在天黑至午夜 24：00，以达到最佳效果。

(五)沼气储粮

采用沼气储粮，能够营造出缺氧的空间环境。在这样的环境下，微生物的生长与繁殖会受到显著抑制，粮食里潜藏的害虫也会被消灭，进而保证粮食的品质不受影响。与传统的粮食储藏手段相比，这种利用沼气储粮的方式，完全避免了因使用化学药剂而可能带来的污染问题，更加绿色环保。

1. 技术要点

方法步骤：清理储粮器具、布置沼气扩散管、装粮密封、输气、密闭杀虫。

(1)农户储粮

仓储建设：可选择使用大型陶缸、市售储粮容器，或构建容量为 1 至 4 立方米的微型仓库，关键是要确保其具备良好的密封性能。

安装沼气扩散装置：若采用缸体储粮，可利用沼气输送管道，将其一端封闭后，用加热的大头针在管壁上钻出多个小孔，随后将管道安置于缸底；若采用仓库储粮，则需制作“十”字形或“丰”字形扩散管道，同样钻孔后铺设于仓库底部。

粮食装载与密封：按照顺序进行粮食的装载、安装进气和排气管路，并使用塑料薄膜进行密封处理。

沼气注入：每立方米粮食注入 1.5 立方米的沼气，使仓库内的氧气浓度从 20%降低至 5%(可通过将沼气输出管连接至沼气炉并点燃来验证)。

后续沼气补充：密封 4 天后，再次注入沼气，之后每隔 15 天补充一次沼气。

(2)粮库储粮

粮库的储粮系统涵盖了粮仓、沼气进出体系及塑料薄膜这类密封材料。于粮仓底部布置呈“十”字形的扩散管，在中上部则安置呈“丰”字形的扩散管，这些扩散管一直延伸到粮仓的边缘位置。扩散管的主管选用 10 毫米的塑料管，支管采用 6 毫米的塑料管，每隔 30 毫米就钻一个小孔。扩散管和沼气池相互连接，并且在二者的连接部位设有阀门。粮仓的四周与粮堆的表面，均采用厚度在 0.1 至 0.2 毫米的塑料薄膜加以密封。与此同时，我们还布置了用于监测温度与湿度的线路。我们在粮堆顶部特意设置了一根小管道，作为排气管，并将它与氧气测定仪相连。在进行密闭通气作业时，每立方米的粮食要输入 1.5 立方米的沼气，一直到氧气含量降低至 5%以下的时候就停止输气，之后每隔 15 天需要补充一次沼气。

2. 注意事项

第一，经常检查粮库是否存在漏气现象，粮库周围严禁吸烟和使用明火，以确保安全。

第二，所有电器开关必须安装在库房外部，避免引发安全隐患。

第三，确保沼气池的产气能力与粮库的通风需求相协调。

第四，在储存粮食之前，我们应尽可能将粮食晒干，储存结束后及时进行翻晒，以维持粮食的质量。

第五，在输气管道中安装集水器或使用生石灰过滤器，并定期清除管道中的积水，以避免管道阻塞。

第六，人员进入粮库前，必须进行充分的通风(打开门窗)，并安排专人在库外值守，一旦发现任何异常情况，应立即采取相应的处理措施。

二、沼液的利用

(一)沼液作为肥料

沼液经过腐熟后富含氨基酸、生长素及多种矿质营养元素，是一种优质高效的肥料。其既可以单独施用，也可与化肥、农药或生长调节剂混合使用，适用于种肥、追肥及叶面喷施。

1. 作为种肥浸种

沼液浸种对提升种子发芽率与成苗率效果显著，还能起到壮苗保苗的作用，其背后的作用机制主要体现在这三个方面：

其一，沼液含有丰富的营养成分。在完全腐熟的沼液中，存在多种水溶性氨基酸、微量元素及微生物代谢活性物质，如消化酶等。这些成分对种子的萌发和生长具有很强的刺激作用。在浸种过程中，种子通过渗透作用吸收沼液中的钾离子、铵根离子、磷酸根离子等养分。到了秧苗生长阶段，这些养分能够增强酶的活性，加速养分的运转和代谢。

其二，沼液具备灭菌杀虫的功能。沼液是有机物在沼气池中厌氧发酵产生的，因为处于缺氧环境，同时大量铵离子生成，所以能有效杀灭或抑制病菌和虫卵，极大降低了种子表面携带病虫害的风险。

其三，沼液能够增强作物的抗逆性，减轻低温对种子萌发的不利影响。种子经沼液浸泡吸水后，从休眠状态转为萌芽状态。春季气温起伏不定，采用传统浸种育秧的方法，种子的生理过程很容易受到阻碍，进而出现闷芽、烂秧等状况。而沼液浸种利用沼气池水压间 8～10℃的稳定温度，让种子不受外界气温波动干扰，确保种子能正常萌发。

(1)技术要点

小麦：在播种前一天，将晒干的小麦种子浸入沼液中 12 小时。取出后，用清水彻底清洗，去除多余水分，然后摊开晾干表面水分，之后即可进行播种。如果需要催芽，我们可以按照常规的催芽方法进行操作。

玉米：将晒干的玉米种子装入半满的塑料编织袋中，用绳子将袋子悬挂在沼液出料间的中部，轻轻拉动袋子底部使种子分布均匀。浸泡 24 小时后取出种子，用清水冲洗干净并沥干，随后即可进行播种。这种方法相较于干种播种，能够提高产量 10%～18%。

甘薯与马铃薯：先挑选好薯种，接着把它们分层放置在干净的容器内，像桶、缸或者水泥池都可以。随后往容器里倒入沼液，要保证沼液的液面比薯种高出差不多 6 厘米。在浸泡期间，要是发现沼液的液面有所下降，得马上补充。甘薯种浸泡 2 个小时后，把它们从沼液里取出来，用清水冲洗干净，晾晒半个小时，等表面干爽了，就按照平常的育苗方法进行操作。马铃薯的处理步骤和甘薯大致相同，也是把薯种分层放进容器，用沼液浸泡 4 个小时，取出来后用清水冲洗干净，之后既可以直接进行催芽，也能直接播种。

早稻：对于常规品种，先将早稻种子放入沼液中浸泡 24 小时，之后捞出，换用清水再浸泡 24 小时。要是抗寒性较强的早稻品种，沼液浸泡时间可以适当延长，达到 36 小时或者 48 小时，之后同样要用清水浸泡 24 小时。而杂交早稻品种则适用间歇浸泡法，也就是先把种子在沼液里泡 6 小时，然后提起来沥干，直到不再滴水，接着继续放回沼液浸泡，如此反复操作，直至达到要求的浸泡时长。

浸棉花种防治枯萎病。利用沼液中的高浓度氨和铵盐抑制棉花枯萎病，同时补充速效磷和水溶性钾，增强棉株抗病能力，提高产量，减少农药使用，避免环境污染。操作方式如下：棉种直接用沼液原液浸泡，泡完之后拿清水漂洗，等晾干了就能播种。也可以用沼液原液分多次灌溉棉田，每亩地用量在 5000 至 7500 千克，在棉花现蕾之前浇灌，效果最为理想。这种方式一般能达到大约 52% 的防治效果，死苗率能降低大概 22%。

花生：用沼液浸泡 4 至 6 小时，取出后用清水洗净并晾干，即可播种。

烟籽：用沼液浸泡 3 小时，取出后放入清水中轻揉 2 至 3 分钟，晾干后播种。

瓜类与豆类种子：用沼液浸泡 2 至 4 小时，取出后用清水洗净，可直接催芽或播种。

(2)使用效果

第一，使用沼液浸种的水稻和谷种，其发芽率比用清水浸种提高约 10%。

第二，沼液浸种的水稻成秧率比清水浸种提高 24.82%，小麦成苗率提高 23.6%。

第三，经沼液浸种的秧苗表现出更好的生长素质，具体表现为秧苗株高增加、茎秆变粗、分蘖数增多，同时根系发达、主根变粗、芽体壮实、叶色浓绿。移栽后，返青速度快，分蘖发生早，整体长势更为旺盛。

第四，用沼液浸种的秧苗“三抗”能力强，基本无恶苗病发生，而清水浸种的恶苗病发病率平均为 8%。

(3)注意事项

第一，用来浸种的沼气池，必须稳定产气达到 3 个月以上，只有这样，我们才能保证沼液充分发酵腐熟，满足浸种要求。

第二，浸种时长要严格把控，以种子刚好吸饱水分作为标准。时间切不可太长，不然种子会过度水解，进而严重影响发芽率。

第三，种子经过沼液浸泡后，一定要用清水彻底冲洗干净，然后才能进行催芽操作或者直接播种。

第四，沼气池使用后要及时盖上盖子，同时在整个操作过程中，务必时刻注意安全问题。

第五，考虑到不同地区的土壤湿度、温度各有不同，农作物品种也存在差异，所以各地最好先开展简单的对比试验，通过实际测试，确定出最适合本地的浸种时间。

第六，在产气压力低(50mm 水柱)或停止产气的沼气池水压间浸种，其效果较差。

第七，浸种前盛种子的袋子一定要清洗干净。

2. 作为追肥

用沼液当作追肥时，一般的作物，每次每亩地的使用量是 500 千克，并且得用 2 倍以上的清水稀释。要是能结合灌溉一起施用，效果会更好。像瓜菜类的作物，用量可以适当增加一些，不过两次追肥之间的间隔时间要在 10 天以上。给果树追肥就按每株来算，幼树每次每株用 10 千克沼液，成年的已经挂果的树，每次每株要用 50 千克沼液。①

3. 叶面喷肥

第一，沼液挑选：要从正常产气达到 3 个月及以上的沼气池里获取腐熟沼液，把它澄清后，再用纱布过滤一遍，然后敞开放置半天。

第二，施肥时段：适合在农作物开始萌动抽梢(分蘖期)、开花阶段(孕穗期、刚开始结果的时期)、果实快速膨大期(灌浆结实期)及病虫害容易爆发的时期进行施肥，每隔 10 天喷施一回。

第三，施肥时间点：最好选在上午露水干透之后(上午 10 点左右)，要是在夏季，就选在傍晚施肥，一定不要在中午气温最高的时候或者暴雨来临之前施肥。

第四，浓度调节：如果是幼苗期或者农作物叶片还比较嫩的时候，按照 1 份沼液搭配 1~2 份清水来稀释；夏季温度高的时候，1 份沼液加 1 份清水稀释；在气温较低的时候，或者农作物叶子已经比较成熟(苗也长得比较壮实)的情况下，可以不加水。

第五，用量把控：根据农作物的品种及它们的生长状况来确定施肥用量，一般每亩地施用 40~100 千克。

第六，喷洒位置：主要对着叶片背面进行喷施，同时叶片正面也不能忽略，这样更有利于农作物吸收养分。

第七，果树叶面追肥：对果树进行叶面追肥时，得依据实际情况来调整。要是果树生长态势不好，或者已经挂果了，既可以直接用纯沼液喷洒，也能添加 0.5%的尿素溶液混合起来喷洒；在南方气温较高的地区，需要把沼液稀释，按照 100 千克沼液兑 200 千克清

① 邵东国，顾文权，林忠兵．农业水资源规划与管理[M]．北京：中国水利水电出版社，2020.

水的比例来喷洒。如果果树的虫害很严重，可按照农药的常规稀释量，加入防止不同虫害的不同农药配合喷洒。

(二) 沼液防虫

1. 虫卵

先取 50 千克沼液，用双层纱布过滤后，直接用于喷施，每隔 10 天喷一次。要是到了病虫害容易大量爆发的时期，就得连续喷施 2 至 3 次。当温度低于 25℃的时候，一整天都能进行喷施作业；要是温度高于 25℃，那就得等到下午 5 点之后再喷施。要是在沼液里添加千分之一至三千分之一的灭扫利，杀灭虫卵的效果会大幅提高，而且药效可以维持 30 天以上。

2. 柑橘黄蜘蛛、柑橘红蜘蛛

采用 50 千克澄清并过滤后的沼液进行直接喷施。通常情况下，柑橘红蜘蛛和柑橘黄蜘蛛会在喷施后 3 至 4 小时失去活性，并在 5 至 6 小时死亡率达到 98.5%。

3. 玉米螟

将 50 千克沼液与 2.5%敌杀死乳油 10 毫升混合均匀后，灌注于玉米心叶中。

4. 蔬菜蚜虫

每 667 平方米取 30 千克沼液，加入 10 克洗衣粉，搅拌均匀后进行喷雾处理。也可在晴天温度较高时，直接泼洒。

5. 小麦蚜虫

每 667 平方米取 50 千克沼液，加入 2.5 克乐果，待晴天露水干后进行喷洒；若 6 小时内遇雨，需补治一次。小麦蚜虫在 28 小时后失活，40 至 50 小时后死亡，杀灭率可达 94.7%。

6. 水稻螟虫

将 1 份沼液与 1 份清水混合均匀后，用于泼浇。

三、沼渣的利用

(一) 沼渣作为肥料

1. 沼渣作为底肥直接使用

沼渣富含大量的有机质和腐殖酸类物质，将它当作底肥，不但能让作物增产，长期施用的话，还能改善土壤的理化性质，能让土壤变得更疏松，土壤容重降低，团粒结构也会得到优化。

对于旱地作物，我们需先对土壤进行一次翻耕操作，随后将沼渣按照每亩 2000 千克的用量，均匀撒施于土壤表层。完成撒施后，再次翻耕土地并耙平，使沼渣掩埋至土表下 10 厘米深处。如此，待半个月后，我们便可开展播种或作物栽培工作。若是水田作物，在首次犁田后，把沼渣均匀地撒入田中，之后需再犁田 3~4 次，确保土壤与沼渣能够充分融合。10 天之后，我们就能够开展播种或栽培工作了。

2. 沼渣与碳酸氢铵配合使用

将沼渣从沼气池中取出后自然风干约一周，随后按照每 667 平方米施用 500 千克沼渣和 10 千克碳酸氢铵的比例进行底肥施用。采用沼渣与化肥搭配施用的办法，一方面能削减化肥使用量，另一方面可以改良土壤结构，提升肥料的综合效用。要是土壤缺磷，那就得额外施加 25 千克过磷酸钙，之后对土地或水田再耙一遍。在旱地使用这种施肥方式后，我们还需在其表面覆盖 10 厘米厚的泥土。这层泥土能够有效防止化肥过快分解，保证肥料的长效供应。完成此项操作后，后续其他的施肥操作，按照该作物日常的施肥和管理方式正常进行即可。

3. 制沼腐磷肥

第一步，从沼气池里把沉渣取出来，并且沥干水分。接下来，把每 50 千克的沼渣和 2.5 到 5 千克的磷矿粉充分搅拌均匀，然后堆成一个圆锥形状。堆好后，在圆锥的外层抹上一层稀泥，再盖上一层细沙泥，这么做是为了防止它出现裂缝。就这样堆放 50 到 60 天，沼腐磷肥就初步制成了。时间一到，把堆好的沼腐磷肥挖开，将其捣碎，然后重新堆成圆锥形。在圆锥顶部朝着不同方向打上孔，每 50 千克的沼腐磷肥要加入 5 千克碳酸氢铵稀释液，从孔内缓慢灌入堆内，最后用稀泥密封，再堆放 30 天即可使用。

(二) 沼渣种植食用菌(蘑菇)

1. 堆制培养料

蘑菇生长全靠培养料里的营养，所以培养料是栽培蘑菇的关键所在。优质培养料得挑选那些碳氮含量丰富、质地松软、富有弹性，还能留住空气的材料。只有这样，好气性微生物才能更好地生长繁殖，蘑菇菌丝也能更有效地吸收养分。像麦秸、稻草还有沼渣，都是常见又好用的培养料材料。

以沼渣和麦秸为原料，按 1∶0.5 的比例堆制培养料的具体步骤如下：

第一，铡短麦草：将无泥土的麦草切成 3~4 厘米的短段，备用。

第二，晒干沼渣：将无泥土的沼渣晒干后打碎，用筛孔为豌豆大小的竹筛筛选，筛出的干粒存放在室内，避免受潮。

第三，堆料：将切短的麦草用水浸透，铺在地上，厚度约 15 厘米；在麦草上均匀铺撒 3 厘米厚的沼渣干粒；重复铺放麦草和沼渣，共铺 7 层；从第三层开始，每层均匀泼洒 350~400 千克沼气水肥，确保料堆充分吸湿；料堆尺寸为长 3 米、宽 2.33 米、高 1.5 米，顶部呈弧形，共使用约 800 千克沼渣、400 千克麦草和 2000 千克沼气水肥。

第四，翻草：堆料 7 天后，用细竹竿插入料堆测温，达到 70℃时开始第一次翻料。若温度不足，需延长堆料时间。第一次翻料时，加入 25 千克碳酸氢铵、20 千克钙镁磷肥、50 千克油枯粉和 23 千克石膏粉，翻拌均匀。继续堆料 5~6 天，温度再次达到 70℃时进行第二次翻料，同时喷洒 40 千克稀释的甲醛溶液(1 千克甲醛加 40 千克水)消毒。根据料堆湿度，适量泼洒沼气水肥或调节酸碱度(pH 为 7~7.5)。第三次翻料后，再堆料 2~3 天即可移入菌床使用。

整个堆料和翻料过程约需 18 天，确保培养料充分腐熟，为蘑菇生长提供优质营养。

2. 修建菇房和搭育菇床

蘑菇属于好气性菌类，生长过程中对氧气的需求较高，充足的氧气供应是其良好生长的必要条件。当菌丝体处于生长阶段时，最适宜的温度范围在 20℃到 25℃；而到了子实体形成和发育阶段，所需的温度会相对更高。另外，蘑菇对光照条件要求并不苛刻，无论是仅有少量散射光的环境，还是完全没有光照的地方，它都能够正常生长发育。因此，为了满足蘑菇生长发育的环境需求，菇房的设计需具备以下特点：良好的通风换气能力、优异的保温保湿性能、冬暖夏凉的环境、避免风吹直接接触菇床，同时便于清洁和消毒。菇房的地基和床架需坚固平整，以方便操作。[①] 在菇房内，我们可用竹木搭建 3 个菇床架，床架之间留出 0.7 米的通道，便于操作。每个菇床架的长度为 2.3 米，高度达 2.5 米。床架上一共铺设有五层菇床，每两层之间的间距是 0.6 米，最底层的菇床距离地面 0.1 米。为了让空气能够顺畅流通，菇房的四周都不与墙壁紧挨着。在菇房两侧墙壁的中上部位置，分别开了三个小窗，每个小窗的大小是 0.2 米长、0.18 米宽，用于空气对流。同时，在菇房顶部的左右两侧，也各自设置了一个通气孔，这样就能进一步加强通风效果。

3. 菇床消毒、装床播种和管理

(1)菇床消毒

为了确保菇房的清洁和消毒，我们可以按照以下步骤进行操作：先把 0.5 千克的甲醛水溶液和 20 千克水混在一起，接着用混合液均匀地喷洒在菇房地面、墙壁，还有菇架和菇床上。然后取 150 千克硫黄晶体敲碎，放在碗里，在碗上盖点柏树枝和杂草，把它们点

① 罗俊杰，欧巧明，王红梅．现代农业生物技术育种[M]．兰州：兰州大学出版社，2020.

燃后，赶紧关闭门窗，让菇房熏蒸 1 至 2 个小时。等熏蒸完 3 天，再配制高锰酸钾水溶液，也就是把 20 粒高锰酸钾晶体溶解在 7.5 千克水里，配好后将溶液喷洒在整个菇房。次日即可进行装床和播种操作。

(2)装床播种

在菇床上播种，具体流程是这样的：首先，在菇床上均匀铺上一层厚度在 8 到 10 厘米的培养料。随后，拿高锰酸钾水溶液对菌种瓶口仔细消毒，消毒完毕后打开瓶盖。接着，用洁净的细竹签伸进菌种瓶，把菌种钩出来，放到干净的盆里。完成这一步后，将盆里的菌种均匀地撒在培养料表面。最后，再在菌种上面铺上一层 5 厘米厚的培养料，让菌种稳稳地夹在两层培养料的中间。

(3)管理

覆土：播种差不多 10 天后，一旦看到菌丝体从培养料表面冒出来，就得马上进行覆土。覆土的时候，先铺一层粒径大概 1.6 厘米的壤黄泥粗土，紧接着再覆盖一层粒径约 0.6 厘米的壤黄泥细土，细土要完全盖住粗土，覆土的总厚度不能超过 5 厘米。覆完土后就喷水，让土壤湿度保持在合适状态，用手捏土壤能捏拢，还不粘手，丢到地上又能散开，这样的湿度就刚刚好。

温度和湿度管理：菌床的温度得维持在 20~25℃，这是最适合菌丝体生长的温度。要是温度低于 15℃，菌丝体生长速度就会变慢；要是高于 30℃，菌丝体就会变得稀疏、瘦弱，甚至受到损伤。温度过高的时候，把门窗打开通风来降温；温度太低，就关闭一部分空气对流窗来保温。培养料湿度保持在 60%~65%，空气相对湿度为 80%~90%。每天喷水 1~2 次，湿度过高时暂停喷水并通风排湿。

营养调节：若菌丝生长稀少，可用 0.25 毫克每千克的三十烷醇溶液(10 毫升加水 10 千克)喷洒菌床。若菌丝生长瘦弱，可用 0.25 千克葡萄糖加水 40 千克喷洒菌床。

加强检查：保持菇房空气流通，避免直射光照射菇床。

采收后管理：每次采收成熟蘑菇后，需将菇窝的泥土填平，为下一批蘑菇的生长创造良好条件。

第五章　现代化施肥技术及应用

第一节　水肥一体化技术及应用

一、水肥一体化技术概述

(一)水肥一体化技术的概念

水肥一体化技术，是现代农业里把灌溉和施肥巧妙融合的一项关键技术，能做到水分与肥料的同步管控，所以也有人叫它“水肥协同”“肥随水施”，或者“灌溉施肥”。要是从狭义层面来讲，这技术就是把肥料溶解在灌溉水里，然后借助灌溉管道，把混有肥料的水精准送到田间的每一株作物旁。而从广义上理解，它的核心就是同时给作物补充水分和养分，全方位满足作物生长所需。在实际运作中，水肥一体化技术会借助压力系统，要是有地形自然落差的条件，也能利用起来，再依据不同的土壤状况、土里的养分含量，还有作物的需肥特点，以及它们在不同生长阶段对水肥的需求规律，展开精准设计。具体做法是，把可溶性的固体肥料或者液体肥料，和灌溉水充分混合，再通过可控的管道系统，实现供水又供肥。等水肥混合均匀后，我们就通过管道和滴头，以滴灌的方式，均匀、定时、定量地把水肥输送到作物根系的生长区域。这样一来，就能保证作物根系所处的土壤一直维持疏松状态，还有恰到好处的水肥条件，助力作物茁壮成长。

(二)水肥一体化技术的特点

水肥一体化技术有以下特点：

滴灌技术具有显著的节水优势。该技术采用精准供水方式，将水分直接输送至作物根部区域，有效避免了地表径流现象的发生。这种从传统的地面灌溉向根系灌溉的转变，显著降低了株间水分蒸发损耗。此外，精确的灌溉量控制可最大限度减少深层渗漏，从而降低田间无效耗水。整个输水系统采用全封闭设计，通过多级管网将灌溉水输送至作物根系密集区，实现了水资源的高效利用。

在养分管理方面，该技术能够将水肥溶液直接输送至作物根系发达区域，确保养分快速被吸收利用。由于湿润区域严格控制在根系分布范围内，显著提高了肥料利用率，降低了肥料投入成本。与传统灌溉施肥方式相比，该技术无须进行挖穴或开沟作业，实现了水肥同步管理，大幅减少了人工投入。

该技术还具备精准施肥的优势，可根据作物生长阶段的需肥特性进行定量调控，实现按需供给、精准施肥。从环境保护角度来看，通过控制灌溉深度我们可有效防止化肥向深层土壤迁移，降低了对土壤和地下水的污染风险。对于价格较高的螯合态微量元素，该技术可实现精准供给，提高其利用效率。

然而，该技术也存在一定局限性。作为设施施肥技术，其初期建设投入较大，且对肥料溶解性有较高要求，这些因素在一定程度上制约了其大规模推广应用。

二、蔬菜栽培应用水肥一体化技术的优势

（一）节水

水肥一体化技术能够有效降低水分下渗与蒸发，显著提升水分利用效率。借助滴灌系统，该技术可增加灌溉频次，同时减少单次用水量。根据不同作物及其生长阶段的需求，单次用水量通常为 3 至 10 立方米，仅为传统沟灌或漫灌用水量的 1/50～1/10，总用水量则约为传统灌溉方式的 1/5～1/4。于露地种植情形下，与传统的大水漫灌方式相比，采用微灌施肥的手段，节水效率颇为显著，节水率大约能达到 50%。而在设施农业的环境里，以滴灌施肥替代畦灌的话，每亩大棚每个种植季，能节省的水量在 80 至 120 立方米，节水率为 30%～40%。

（二）节肥

水肥一体化技术实现了精准施肥与集中施肥。全地埋式滴灌系统不仅用于灌溉，还能将肥料精准输送至蔬菜根部，确保肥料均匀分布，有效减少肥料挥发和流失，避免因养分过量导致的浪费。这项技术优势明显，施肥操作方便快捷，能在作物最需要的时候及时供肥，作物吸收起来也轻松，肥料利用率还特别高。就拿蔬菜种植来说，在保证蔬菜产量不相上下的前提下，采用水肥一体化技术，比起传统的施肥方式，化肥使用量能减少 40% 到 50%。

(三)水肥均衡

传统灌溉与施肥方式往往导致蔬菜作物在生长过程中经历“饥一顿饱一顿”的情况，难以实现养分和水分的均衡供应。相比之下，全地埋式滴灌系统能够确保每个滴孔出水一致，通过该设施供水和供肥时，使整片土地能均匀获得水分和养分，还能做到按蔬菜作物需要适时、适量施肥。

(四)省工省时

传统沟灌方式在施肥过程中耗费大量人力和时间，操作烦琐。而滴灌系统只需开启阀门和电源开关，几乎无须人工干预。水肥一体化技术不仅免去了单独灌溉和施肥的步骤，还减少了施药、除草和中耕等农事操作，显著节省了劳动力。

(五)优化微生态环境，降低病害发生率

在设施蔬菜栽培中应用水肥一体化技术具有多重优势：首先，显著降低了设施内空气湿度水平。与传统沟灌施肥相比，滴灌施肥可使空气相对湿度下降 8.5%～15%，这种湿度条件的改善有效抑制了蔬菜病害的发生，使农药使用量减少 15%～30%，同时降低了病害防治的人工成本。其次，有助于维持设施内温度稳定。由于减少了通风降湿的频率，采用滴灌施肥的设施内温度通常比传统沟灌施肥后通风的设施高 2～4℃，为蔬菜生长创造了更适宜的温度环境。而且，它还能提高土壤微生物的活性。和传统的沟灌比起来，滴灌施肥能让地温升高 2.7℃，这就能促使土壤里的微生物活跃起来，让作物吸收养分的能力变得更强。除此之外，这种技术还能改善土壤结构，防止因为灌溉造成土壤板结，让土壤容重降低，孔隙度增加。同时，它还能极大地减少土壤养分的流失，降低污染地下水的风险。最后，在病害防控方面，由于设施蔬菜中许多病害(如辣椒疫病、番茄枯萎病等)通过灌溉水传播，采用滴灌技术可直接阻断土传病害的传播途径，显著降低病害发生概率。

(六)节省成本，提高经济效益

运用水肥一体化技术，能达成节水、节肥、节药及节省人工的效果，切实降低生产成本，同时提高生产效益。以滴灌设施为例，其工程建设投资(包含管路、施肥池、动力设备等方面)，每亩大概需要 1000 元，而这样的设施使用寿命差不多能有 5 年。新增的设施成本可在 1 至 3 个生产季内通过节省的肥料和农药支出收回，每年至少节省 700 元。

三、粮经作物水肥一体化技术应用

(一)小麦水肥一体化技术应用

小麦是北方地区的主要粮食作物，种植面积广阔，其水肥管理要求较高，灌溉过程中需要大量劳动力投入。采用小麦水肥一体化技术，把可溶性肥料溶入灌溉水，秉持节水灌溉原则，借由管道系统把水肥送至田间，依靠滴灌、喷灌等办法精准灌溉，大大节省了人力。①

1. 小麦需水规律

小麦需水与产量水平、土壤、品种、耕作方式有关。拿小麦生育期来说，播种到越冬，耗水量仅占总耗水量的10%左右，越冬到返青期占15%左右，返青到拔节占18%左右，拔节到开花占37%左右，抽穗到成熟占20%左右。小麦从拔节到扬花阶段是其需水的关键时期，其中抽穗期更是需水的临界阶段，此时水分供应的多寡对产量的影响最为显著。

从拔节到抽穗，冬小麦进入快速生长期，耗水量显著上升。随着植株茎叶的生长，地面蒸发减少，而叶片蒸腾作用增强。这一时期虽然持续时间较短，但其耗水量却占整个生育期的20%~35%，且日耗水量超过2立方米每亩。春小麦这一阶段耗水也多，在20d左右的时间内，耗水占全生育期的25%~29%。

在抽穗至成熟阶段，冬小麦的生长周期相对较短，但其耗水量却占据了整个生育期总耗水量的约50%。相比之下，春小麦的抽穗至成熟期较长，其耗水量通常也占全生育期总耗水量的约50%。但由于各地气候不同，耗水量的差别也较大。

(1)整地

播种前，土地必须进行精细平整，要让土壤足够细碎。这么做一来能提高播种效果，让种子分布更均匀、出苗更整齐；二来能保证铺设滴灌管带时更加顺畅，避免因为地面不平整，导致管带铺设曲折、滴灌不均匀的问题。另外，我们还需要借助测土配方施肥技术，综合考虑目标产量及土壤的实际肥力状况，准确无误地确定所需肥料的种类和具体用量，确保土壤养分与作物生长需求精准匹配。在滴灌小麦种植中，氮、磷、钾肥作为基肥的施用量通常占总施肥量的50%~60%，以加大滴灌追肥用量和比例，有利于根据小麦生长情况及时调控，水肥耦合，提高肥效。

(2)播种

1)播种机改装与农具配套

安装好铺设毛管装置，在3.6m播幅的情况下，除盐碱地采用一机六管，一管滴四行

---

① 廖飞，黄志强．现代农业生产经营[M]．石家庄：河北科学技术出版社，2019.

小麦和沙性较强的地采用一机四管，一管滴六行小麦外，一般麦田均采用一机五管，一管滴五行小麦。按照小麦管带布置方式要求调整行距布置。

2）播种期

滴灌小麦的播种时间，得从播完种开始滴水、让种子顺利出苗的那一刻来算。在恰当的时间播种滴灌小麦，能让麦苗茁壮成长，提升麦苗的生长态势，给高产创造好条件。要是当年气候正常，靠滴水出苗的小麦，播种时间一般会比传统地面灌溉的方式晚一两天。

3）播种量

采用滴灌技术种植小麦，能及时给田间供水，水分分布还特别均匀，这对提高出苗率很有帮助。只要做好种子精选工作，保证播种质量，田间出苗率能达到85%～95%。

4）播种质量要求

播完种后，要抓紧时间铺设支管，也就是辅管，并且把管头都连接好。从播种到开始滴水出苗，中间间隔时间一定不能超过3天。播种的深度要控制在3至3.5厘米，与此同时，播种的行距也要保证规范整齐，不能出现过大或过小的偏差。为防止管带被风吹动，通常将管带浅埋于土壤中。

（3）出苗期

小麦出苗水的滴灌方式需根据当地实际情况灵活选择。若播种前水源充足，可采用地面灌溉或茬灌方式，利用土壤中的存水完成播种和出苗。对于采用滴水出苗的麦田，必须确保滴水量充足且均匀，一般亩滴水量为0.8至0.9立方米。湿润锋深度应控制在0.25米以内，同时保持土壤耕层含水量在70%～75%，以利于种子吸水发芽，确保全田出苗整齐一致。如播种时土壤过于疏松或者滴水时毛管低压运行，会造成出苗水用量过大，而且墒情不均，各行麦苗出苗不整齐。

（4）越冬期

在小麦越冬期间，土壤水分应维持在田间持水量的70%～75%，这有利于小麦安全越冬及返青后的生长。在土壤冬季封冻前进行滴水操作，不仅可以储备水分以防止干旱，还能稳定地温，起到防冻保苗的作用。

（5）返青期

返青水的灌溉需根据实际情况谨慎决定。3月中旬，当气温达到或超过3℃时，小麦开始返青，长出新根和新叶；气温达到或超过5℃时，小麦开始分蘖，春性品种的幼穗也开始分化。小麦返青后要不要滴水，得根据麦田实际状况来判断。正常来讲，小麦返青时对水分需求不多，一般不用滴水，因为滴水后可能导致地温下降，让小麦返青生长的速度变慢。只有碰上临冬前没冬灌，冬季积雪又少，到了春天还很干旱，土壤持水量低于65%～70%这些情况时，我们才需要给麦田滴水。但盐碱地麦田，随着气温上升，土壤水分蒸发，往往会有返碱死苗现象，为抑制返碱，防止死苗，当5cm土层连续5d平均地温≥5℃时才可进行滴灌。而且第一水滴过 5~7d 后，应连续再滴第二水，防止盐碱上升。每次滴水的亩用量约为 35 立方米。对于土壤肥沃且冬前群体较大的麦田，应适度控制返青期的滴水量。通过适当的蹲苗措施，我们可有效抑制早春无效分蘖的数量，避免群体密度过大，从而降低后期倒伏的风险。

(6)拔节水

小麦拔节期的水分管理至关重要，需要确保充分且适宜的灌溉。在小麦从拔节到抽穗的这段时间，它的营养生长和生殖生长都极为旺盛。此时，像根系、茎秆、叶片这些营养器官，以及穗部这类结实器官都在快速生长发育。不过，这也是植株各个器官之间矛盾比较突出的阶段。通过科学合理地进行水肥管理，以及运用化学调控的方法，我们就能很好地协调营养生长和生殖生长、群体和个体、主茎和分蘖，还有地下部分与地上部分之间的关系。针对不同苗情采取相应措施：对于壮苗或旺苗，自春季三叶期(生理拔节期)起，应采取控制措施抑制基部节间过度伸长，减少无效分蘖，促进大蘖成穗，避免群体过密导致植株下部通风透光不良、茎秆细弱，进而引发后期倒伏。为此，我们可适当推迟首次灌溉时间，实施控水蹲苗，为培育健壮茎秆和大穗奠定基础。在拔节至抽穗阶段，由于植株生长旺盛，对水分和养分的需求量显著增加。若管理不当，可能导致弱苗因水肥供应不足而出现分蘖质量差、提前衰亡，最终造成有效穗数不足、穗型偏小、产量下降等问题。因此，该阶段的灌溉和施肥应适当提前进行。

考虑到小麦拔节至抽穗期持续时间 30 余天，且正值气温升高阶段，植株蒸腾作用和土壤蒸发量显著增加。除拔节前的基础灌溉外，在拔节期间我们通常需要补充 2~3 次灌溉。在前期群体得到适当调控的基础上，首次拔节水后 5~7 天进行第二次灌溉，随后间隔 8~10 天再进行第三次灌溉。每次灌溉量控制在每亩 30 至 40 立方米，保持土壤含水量在 75%~80%，随着根系向下延伸，湿润层深度应达到 40 至 50 厘米。

(7)孕穗期

小麦在孕穗后 10 天左右进入抽穗阶段，随后依次完成开花授粉、籽粒形成及灌浆成熟的过程。小麦孕穗期是关乎开花授粉和籽粒形成的重要阶段，这时候小麦对水分的需求达到了一个迫切的程度，对水分供应的变化也十分敏感，因此被视为需水的“临界期”。在这个关键时期，一定要保证田间持水量稳定在 75%~80%。如果该时期水分不足，花粉容易因干燥而枯萎，导致授粉率降低，穗粒数减少，进而造成严重减产。孕穗期通常需要滴水两次，每次滴水量为每亩 30 至 40 立方米。

(8)灌浆期

小麦抽穗后，每亩穗数基本固定。开花授粉后，每穗粒数大体固定，生长中心转移到灌浆成熟时期，而籽粒中所积累的干物质约有 80%源于后期的光合产物。小麦生育后期光合产物的来源主要是由上部第一、第二叶片及穗下茎绿色部分通过光合作用制造的。因此，增强植株生活力和延长上部叶片的功能期、提高功能强度，保持植株正常代谢，促使植株体内更多的物质向籽粒输送，是增强粒重的关键。

小麦生长后期，管理工作的重中之重是调控水分，得遵循“借水滋养根系，凭根系保护叶片，靠叶片保障籽粒发育，促使籽粒增重”的准则。从开花到成熟，小麦在这一阶段的耗水量，差不多占整个生育期总耗水量的三分之一，每天的耗水量一般是拔节之前的5倍，是需水相对较多的时段。所以在这个时候，我们必须保证土壤水分维持在田间持水量的70%~85%。水分过少易使根系早衰，水分过多容易造成土壤空气不足、根部窒息死亡或导致病虫害加重，灌浆不良。小麦从灌浆到成熟，通常耗时32至38天。在这段时间里，一般要进行2至3次滴水作业。这里面，第一次滴水最为关键，一定要保证在抽穗扬花期有充足的水分供应。抽穗扬花期滴水的主要作用是保花增粒、促进灌浆，从而实现籽粒饱满、粒重增加，并防止根系过早衰老。每次给小麦田滴水时，每亩地的用水量一般控制在30至40立方米。要是小麦遭遇高温危害，及时进行滴水灌溉，能帮助受害植株尽快恢复生机，缓解高温给作物生长带来的不良影响，尽可能降低损失。

2. 小麦需肥规律

(1)滴出苗水时应带种肥

在小麦播种出苗的过程中，播种的时候一定要施够种肥，这样才能让麦苗长得壮实。种肥的成分应该以磷肥为主，氮肥作为辅助。要是采用滴水出苗这种方式，并且在播种的时候没有施种肥，那就得在滴出苗水的时候，利用滴灌系统添加肥料来补充养分。

(2)返青肥酌情施

给麦苗追施返青肥的时候，得看麦苗的生长情况来灵活调整。要是施肥太多，麦苗就会营养过剩，长出好多没用的分蘖，地里麦苗密度变得很大，麦苗基部照不到光，节间还会过度伸长。这些情况都会让麦苗在后期容易倒伏，所以一定要注意。

(3)拔节肥

小麦拔节期的滴肥是整个生育期中最为关键的施肥环节。这一时期施肥量较大，对小麦生长的作用显著，肥效也较高。小麦拔节期，生长势头迅猛，持续时间也不短，对肥料的需求达到一个高峰。在这个时期施肥，对提高产量有着十分显著的效果。所以，不管是壮苗、弱苗还是其他各类麦苗，在滴水灌溉的时候，都要同步进行施肥作业，以此来保障小麦生长有充足的养分支持。

(4)孕穗肥

一般来说，在滴水灌溉时，我们会追施尿素和磷酸二氢钾。这么做能让植株上部叶片保持良好状态的时间更长，提升光合作用的效率，助力籽粒更好地灌浆，进而增加籽粒重量，提高小麦产量。

(5)灌浆初期

在土壤肥力较高的情况下，滴水时应避免施肥，以免导致小麦贪青晚熟。而对于普通麦田，则可根据实际情况适量滴施氮肥和磷肥，以增强植株的生长活力，促进灌浆过程，进而提高籽粒重量。

3. 小麦水肥一体化技术方案

(1)水肥一体化技术滴灌配置

针对滴灌系统的配置，不妨结合小麦宽幅精播技术来操作。将畦宽设定为 180 厘米，把行距控制在 22 至 25 厘米，播幅宽度设为 8 厘米，这样一来，每畦能播种 6 行。与此同时，要搭配相应的滴灌铺设技术。在铺设支管时，建议每畦铺设两根，每根支管都设置在第 2 行与第 3 行之间，且要靠近第 2 行小麦。这种布局不仅便于小麦收获后的玉米套种，还能优化滴灌效果。

(2)播种前准备

挑选小麦品种时，要选那些产量高、用水少，还能很好适应环境，抗逆能力强的品种，像青农 2 号就很不错。到了播种的时候，每亩麦田取 15 毫升含有 2. 2%苯醚甲环唑、2. 2%咯菌腈、22. 6%噻虫嗪的悬浮种衣剂来拌种。这么做不仅能有效防治小麦遭受的虫害，还能预防病害发生，给小麦生长提供保障。

(3)肥水管理

麦田亩产 500kg 以上一般每亩施用尿素 28~33kg，12%过磷酸钙 50~67kg，硫酸钾 8~10kg，硫酸锌 1kg。针对底墒不足或出苗质量不佳的地块，播种后 5 至 7 天应采用微灌方式进行灌溉，每亩灌溉水量为 20 至 30 立方米。在越冬前期，若发现土壤含水量不足，我们需根据封冻水时的土壤含水量情况，每亩灌水 20 至 30 立方米。

春季时，小麦拔节期灌水追肥，若是当年天气较为干旱或麦田群体不足，我们可以将该时期提前至起身期。微灌水肥一体化浇灌追肥，亩浇水 $20m^3$，追加尿素 10kg。开花灌浆期灌第二次水，亩浇水量 $20\sim30m^3$，追施 6kg 左右尿素，1~2kg 磷酸二氢钾。相比于常规小麦种植，这种方式能够节水 50%~60%，节肥 20%，增产 10%左右。

(二)玉米水肥一体化技术应用

我国玉米种植过程中，水肥管理方面存在突出问题。一方面，肥料和水的投入量过大，这不仅增加了生产成本，还造成了资源的浪费；另一方面，这些投入的水肥，实际被玉米吸收利用的效率却很低。玉米滴灌水肥一体化技术，有效解决了这些难题。该技术借助管道灌溉系统，把肥料均匀地溶解在灌溉水里，让灌溉和施肥同步进行。在玉米生长的每一个关键阶段，都能精准、及时地提供水分和养分，做到了水肥协同管理，极大地提高了水肥利用效率。该技术的应用为玉米生长提供了优化的水肥条件，改善了土壤微环境，有效解决了半干旱地区水资源短缺、季节性干旱及生产中水肥供应不协调导致的低效利用、产量不稳定等问题。①

1. 播种前的准备

膜下滴灌技术里，起垄膜下滴灌系统用得比较多，而且大多采用大垄双行的种植模式。说到覆膜和铺设滴灌带的操作方法，主要有下面这两种。一种是靠机械设备来同步完成覆膜和铺设滴灌带的工作，具体来讲，就是提前把滴灌带安放在地膜下面，或者用专门的播种机，一次就完成覆膜、铺设滴灌带还有播种这些步骤；另一种是通过人工，同时完成覆膜、铺设滴灌带和播种的工作。

2. 播种

第一，基于良种选择，选好品种后，得在适宜温度下播种。同时，要保证合理的种植密度，根据具体品种和既定密度要求，精准确定株距。特别要注意，播种的时候，土地温度必须稳定维持在 8℃以上才行。

第二，播种方法有两种：一是先播种，再铺设滴灌带和覆膜。在播种行的两边分别挖一条沟，同步铺设滴灌带，把滴灌带放在垄的正中间，然后将地膜边缘嵌入沟里，并用土压实。二是先完成覆膜和铺带，之后再进行播种。利用机械设备，一次性在已起好的垄上完成覆膜和滴灌带的铺设工作。

第三，出苗定植时，要看苗追肥。追肥方式主要有两种：一种是通过施肥罐在灌溉过程中同步施肥，使水肥同时均匀滴入田间；另一种是在地膜表面打孔进行穴施，或在地膜侧面开沟施肥，以确保养分的有效供给。

3. 玉米膜下滴灌灌溉制度

不同的作物种类、品种，还有不一样的自然条件，以及采用的农业技术措施有别，都会导致灌溉制度的制定存在差异。在确定灌溉制度时，我们应充分结合当地的实际情况，总结当地群众在生产实践中的灌溉经验，并参考相关的灌溉试验数据，同时遵循水量平衡的基本原则。

（1）玉米生长期的灌溉

1）底墒水

在半干旱地区，春季降水稀少，气候干燥，风力强劲且频繁，导致土壤水分大量流失。大多数年份，播种期耕作层内的土壤含水量低于种子发芽所需的水分条件。因此，确保种子发芽到出苗期间的适宜土壤水分是实现全苗和壮苗的关键。我们可以在早春覆膜之

---

① 陈慈，陈俊红，龚晶．农业产业融合发展的理论与实践[M]．北京：中国经济出版社，2020.

前进行灌溉来保持土壤湿度，要是已经覆完膜了，那就用滴灌的办法，提前给土壤创造一种合适的水分条件。要是在播种之后才进行灌溉，一定要把控好灌水量，千万不能浇太多水，不然土温就会下降，这样很容易影响种子发芽出苗。

2)育苗水

玉米在苗期时，对水分的需求不算多，一般来说，把土壤的含水量保持在田间持水量的60%上下就刚刚好。一旦土壤里的含水量低于这个数值，那就得给玉米苗灌溉了。要是玉米种的时候用了地膜覆盖，而且底墒很足，那在苗期就不用再浇水。适当控制浇水，进行蹲苗操作，能让玉米植株基部的节间长得更短，根系也能发育得更好，让玉米植株长得更壮实。这样一来，玉米在后期就能更好地抵抗干旱和倒伏，为增产打下坚实的基础。

3)拔节期孕穗水

玉米出苗大概35天之后，就进入了拔节期。在拔节到孕穗这个阶段，植株生长速度非常快，而且这时候气温比较高，叶片的蒸腾作用也十分旺盛，所以一定要保证土壤有充足的水分供应。一旦缺水，玉米植株就会生长得不好，幼穗正常分化会受到影响，严重的话，雌穗可能没办法形成果穗，出现空秆的情况，雄穗也可能抽不出来，最终导致大幅度减产。当土壤水分下降到田间持水量65%以下的时候，就得马上浇灌发育水，这样能让植株根系长得更好，茎秆更粗壮，有利于幼穗分化发育，最终形成大穗。在拔节初期灌溉时，每亩的灌水定额控制在20至30立方米比较合适。

4)灌浆成熟水

到了抽穗开花的阶段，作物对于水分的生理需求达到了最高峰。虽说这个时候天然的降雨量跟作物需要的水量差不多，但仍然要格外留意是否缺水。只要一发现缺水，我们就得马上灌溉补充水分。在灌浆期，要是不缺水，进入籽粒里的养分比缺水的时候能多两倍不止。

(2)灌水时间的判断

想要实现节水节能，同时高产，关键就在于精准把控灌水的时机，让作物能充分利用土壤里的天然降水。为防止作物因缺水干旱而减产，必须赶在土壤真的缺水之前就及时灌溉。

1)判断是否需要灌水，要综合季节、降雨和天气情况。

春季降水少，风大、空气干燥，要是底墒还不足，那就得灌溉。炎热季节，气温高、空气干，田间水分蒸发快，因为膜下灌溉保水性好，要是连续15至20天都没有下过透雨，作物就该浇水了。即使在作物生长后期，从生理上看并不明显缺水，但为了预防霜冻等灾害性天气，我们也应提前进行灌溉。

2)看土

在缺乏专业仪器设备时，仅凭直观判断不同类型土壤的湿润程度存在一定难度。一般来讲，要是抓一把土层里的土壤，用力攥紧后再放开，土壤还能保持成团的样子，那就说明土壤湿度是够的，处于湿润状态；但要是攥紧土壤后松开，土壤马上就散裂了，那就意味着土壤比较干旱，这个时候就需要进行灌溉了。

3)看苗

判定是否要进行灌溉，关键得看作物的生长发育情形。一旦作物缺水，那些幼嫩的茎叶，会因水分供应跟不上，最先出现枯萎，同时，植株整体的生长速度也会明显放慢。一旦出现这些现象，我们就应及时进行灌溉。此外，如果叶片在中午高温时出现卷曲，并且到傍晚仍不能完全展开，也表明需要及时灌水。

4)灌溉次数

灌溉的次数不能一概而论，得依照实际的气候条件还有土壤墒情灵活变动。要是碰上中等干旱的年份，一般来说安排4次灌溉就可以，这4次灌溉主要在玉米的拔节期、孕穗期、抽雄期及灌浆期进行。而在严重干旱年份，灌溉次数可增加到5次，除了上述关键时期外，还需在苗期进行灌溉，以确保玉米在各个生长阶段的水分需求得到满足。

第二节　精准施肥技术及应用

一、智能化农业技术与精准施肥及施药分析

(一)精准施肥与施药技术

1. 精准施肥与施药技术的概念

精准施肥和施药技术，是现代农业的一大关键创新成果。它的核心要点，就在于对肥料、农药的施用量进行精准把控。这一技术的目的，一方面是提升农作物产量，另一方面则是降低资源的浪费，减轻对环境的污染。把这项技术推广开来并广泛应用，对解决全球粮食安全问题，推动农业朝着可持续方向发展，都有着极为重要的意义。

2. 现有传统农业施肥与施药方法存在的问题探析

(1)资源浪费显著

在传统农业生产中，肥料和农药的使用效率较低，约有60%的投入未能被作物有效吸收利用，而是流失到土壤中或被径流冲刷进入地下水，导致了显著的资源浪费。

(2)环境污染加剧

如今，化肥和农药被过度使用，给环境带来了极为严峻的负面效应。放眼全球，每年

都有海量农药残留，足足数百万吨之多，它们通过各种途径进入水体和土壤当中。这些残留不断积累，让生态系统遭到严重污染，对野生动植物的生存环境产生了极大威胁，许多物种的生存因此面临危机。

(3)产量波动较大

以往传统的施肥、施药手段，没有全面考量不同地块及作物自身特性的差异，这就使得农作物的产量起伏不定。根据农业相关部门统计的数据显示，同一种作物，在不同地区种植，产量差异竟然能达到两倍甚至更多。

综合来看，传统的农业施肥与施药方式，弊端明显，既造成资源的浪费，又对环境造成污染，还使得农作物产量不稳定。所以，当下我们急切需要探寻更为精准、更具可持续性的施肥与施药技术，来化解这些难题。

(二)智能化农业技术

1. 智能化农业技术定义与范围

(1)智能化农业技术定义

智能化农业技术通过整合信息技术、物联网、数据分析和传感技术等先进工具，对农业生产的各个环节，包括农田管理、作物种植、畜牧养殖等进行精准监控、高效管理和系统优化。该技术致力于提高农业生产效能，优化资源利用效率，并最大程度地减少对生态环境的不利影响。

(2)智能化农业技术范围

智能传感器技术：利用各类智能传感器，不间断地收集土壤的肥力、湿度、酸碱度，气象的温度、湿度、光照，水质的酸碱度、养分含量及作物的生长态势等实时数据，让农户对农田的实际状况了如指掌。

数据分析与决策支持：运用大数据技术深度剖析收集到的农业数据，从中挖掘出有价值的信息，为农业生产者提供科学合理的农事操作决策依据，比如什么时候该灌溉、该采用何种病虫害防治手段等，还能给出进一步优化生产流程的建议。

自动化与机器人技术：像是自动化收割机，能精准高效地完成收割任务；自动化播种机，播种的间距、深度都能精准把控；自动化施肥机，施肥量能根据土壤肥力和作物需求精确调控。这些设备极大地提高了农业生产的劳动效率，让农户从繁重的体力劳动中解放出来。

精准施肥与施药技术：把数据分析结果和 GPS 相结合，根据农田不同区域的实际需求，将肥料和农药精准地投放到相应位置，既保证了作物得到充足的养分和有效的病虫害防治，又大大减少了资源的浪费，降低了对环境的污染。

远程监控与控制技术：农业生产者只需通过智能手机或者计算机，就能随时随地远程监测农田里的温度、湿度、光照等环境参数，以及农作物的生长状况，还能远程操控灌溉设备、施肥设备等农田作业机械，实现对农田的高效管理，即使不在田间也能及时掌握情况并做出应对。

2. 智能化农业技术在农业领域的应用

(1)提升生产效率

联合国粮食及农业组织经过评估得出，智能化农业技术在农业领域大显身手，它能显著提高农作物种植和畜牧养殖的效率，平均能让产量提升大概20%。在全球人口持续增长，粮食需求日益增加的当下，这样的成果有着举足轻重的意义。

(2)高效利用资源

智能化农业技术推动了水资源、肥料和农药等农业投入品的精准化管理，显著降低了资源的浪费现象。以精准施肥为例，该技术可使氮肥的利用效率提升超过30%。

(3)强化环境保护

智能化农业技术投入使用，能切实减轻农业活动给环境带来的负面作用。就拿精准施药技术来说，它可以精准控制农药使用量，让农药残留大幅减少，进而有力地降低了对土壤和水体的污染程度。

(4)保障粮食安全

智能化农业技术的运用，不仅让粮食产量节节攀升，还在无形中提升了粮食品质。这一变革，给粮食供应的稳定性上了“双保险”，在保障全球粮食安全的征程里，发挥着举足轻重、不可替代的作用。

(三)智能化技术在农业中的应用

1. 传感技术在农业中的应用

(1)土壤湿度传感器

土壤湿度传感器主要作用是探测土壤里的水分含量，进而反馈土壤湿度的具体情况。为了能全方位、准确地掌握土壤湿度在不同土层深度的实时变化，这些传感器通常会被分别安置在多个不同深度的土层当中。凭借这些数据，种植者能够精准判断灌溉的时机，从而有效避免灌溉不足或过量灌溉的问题。①

(2)植物生长监测技术

在农业生产中，种植者想要了解植物生长状况，就会用到植物生长监测技术。这项技

① 李致远，吴岩，冯丽，等. 农业无线传感器网络数据处理方法与应用概论[M]. 镇江：江苏大学出版社，2023.

术借助传感器，对植物的生长状态进行实时追踪。传感器能精准测定植物的生长速率、叶绿素含量这类关键指标，以及其他重要参数。凭借持续不断的监测，种植者便能及时察觉植物的异常，像病虫害的侵袭、营养缺乏等问题。基于此，他们能够及时调整施肥与施药的策略，包括时机和用量，进而实现资源的优化配置，避免不必要的浪费。

(3)气象监测传感器

气象监测传感器的主要任务是收集并分析温度、湿度、风速、降水量等重要气象信息。这些数据对确定施肥和施药的最佳时机有着关键作用。就拿降雨预报来说，精准的预报能让农民清楚知晓降雨时间，避免在降雨后马上施用农药。这样一来，我们就能减少农药随雨水流失的情况，降低对环境造成潜在污染的风险。

2. 数据分析与决策支持系统在农业中的应用

(1)大数据分析技术的应用

大数据分析技术在农田数据处理与解析方面有着广泛应用，涉及土壤特性、气象条件、植物生长状况等多个领域。通过将历史数据与实时监测数据进行深度对比，分析系统能精准识别出不同地块间的特性差异，掌握每个地块的具体需求。这一能力为决策者制订精细化的施肥与施药计划提供了坚实依据，有效规避了资源的无谓浪费。

(2)决策支持系统的智能化辅助

决策支持系统堪称农业领域的智能“智囊团”。它扎根于土壤状况、植物生长态势及气象条件等多维度数据，为农业生产者量身定制精准的施肥和施药策略。这一系统仿佛拥有“超级大脑”，能将各类繁杂的数据整合起来，全面考量多种因素对农田的作用，比如土壤肥力、天气变化、作物生长阶段等，进而生成极具针对性的个性化农业管理方案。农民依照系统给出的建议，就可以灵活决定施肥和施药的时间，精准控制用量，采用合适的方法，既达成增产增收的目标，又能提高资源利用效率。

3. 自动化设备与无人机技术在农业中的应用

(1)自动化施肥机的革新应用

自动化施肥机将前沿的定位技术与智能控制技术巧妙融合，宛如一位经验老到的农艺师，能依据每块农田的独特需求，精确调控施肥量。它工作时，能均匀地把养分播撒在田间，彻底解决了传统施肥方式中常出现的重复施肥和施肥遗漏的难题，保证每一寸农田都能得到恰到好处的养分滋养。农民使用自动化施肥机，不仅能大幅减少肥料使用量，节省成本，还能极大地提高施肥效率，让施肥工作变得更高效、更轻松，有效降低了整体农业生产成本。

(2)农业无人机的智能化监测与管理

农业无人机装备着高精度传感器与高清摄像头，无须贴近农田，就能对其展开实时监测，细致采集各类数据。经分析无人机获取的图像和数据，种植户可直观知晓作物生长态势、病虫害情况，以及土壤养分分布。这些信息对精准把控施肥、施药时机与位置，起着关键作用。凭借农业无人机技术，农业管理更具针对性，极大减少了农药、肥料浪费，还大幅提升了农田产量。

二、农业机械精准施肥技术及其应用

(一)精准施肥技术应用的现实意义

1. 提升养分供给精度与节约资源

针对传统施肥方式的种种不足，精准施肥技术应运而生，为农业生产带来高效解决办法。它依据土壤肥力状况及作物不同生长阶段的需求，精确调控施肥量，使肥料利用效率大幅提高，杜绝了资源的无端浪费。

由于精准施肥技术能充分满足作物生长所需养分，作物品质得以提升，产量也随之增加，进而增强了农产品在市场上的竞争力。而且，这种技术在农业生产过程中，减少了人力与物力的投入，有效降低生产成本，让农业生产效率得到显著提升。

2. 促进农业结构优化与生态保护

精准施肥技术依托机械装备，显著提高了施肥作业的效率，降低了农业生产的成本，为农业产业结构的升级提供了重要支撑。该技术依据土壤的具体需求精准施用肥料，有效规避了因施肥过量或不足引发的环境问题，促进了生态系统的保护。此外，精准施肥技术通过提升作物的产量和品质，推动农业生产向科学化、精细化方向发展，增强了农业的综合竞争力，助力农业朝着高效、环保的目标迈进。

3. 驱动农业科技创新与发展

精准施肥技术，核心就在于借助农业机械装备，精确把控施肥量与施肥位置，以此提升肥料利用效率。它不仅能契合作物生长需求，实现作物产量与品质的双提升，还能降低农业生产对环境的不良影响，助力农业可持续发展。该技术的研发与应用，整合了农业机械、生物技术、信息技术等多学科领域的知识与技术，对推动农业科技创新意义重大。此外，该技术的广泛推广与应用离不开农业从业者的积极参与，这将进一步加速农业科技的发展与应用，为农业现代化转型注入强大动力。

(二)农业机械精准施肥技术的应用分析

1. GPS 定位导航精准施肥技术

借助先进的 GPS 定位导航系统，精准施肥技术得以实现对施肥农田的高度精确控制。

这项技术先对土地展开精细测绘与深入分析，借助卫星定位准确掌握农田地理信息，再结合土壤肥力检测成果，全方位评估农田养分状况。施肥时，在 GPS 精准指引下，施肥机械可以精准抵达农田特定区域，依据土壤养分不同，采取差异化施肥策略。此时，施肥机械会自动调整施肥量，保证每块土地都能得到适量养分供给。如此一来，不但有效削减了化肥使用量，降低环境污染风险，还大大提升了肥料利用效率与作物产量。实际应用显示，采用 GPS 定位导航精准施肥技术的农田，相比传统施肥方式，作物平均产量提升了 10% 到 30%。然而，技术推广仍面临成本和技术操作门槛的挑战。对于中小规模种植者来说，精准施肥技术的初始投资成本较高，且对技术操作的精准性有较高要求。因此，提升种植户的技术熟练度和管理能力是推动该技术广泛应用的重要环节。

2. 热辐射检测施肥技术

热辐射检测施肥技术在精准养分管理方面，未来的发展潜力巨大。它的原理是捕捉植株表面的温度场分布特点，由于植株的蒸腾作用强度会在表面温度上有所体现，所以通过温度场就能间接了解蒸腾作用的强弱，进而判断作物当下的生理状态。当植株遭遇水分胁迫或养分不足时，其蒸腾作用会受到抑制，导致表面温度发生变化。基于这一机制，热辐射检测施肥技术可辅助种植者准确判断作物养分需求，实现精确养分调控。该技术还可用于作物健康状态的早期诊断。一旦植株遭到病虫害的侵袭，其局部温度就会出现异常变化。而热辐射检测施肥技术能够对热辐射图像的特征进行深入解析，借助这一技术，我们可以在病虫害大规模扩散之前，就敏锐地察觉到植株的异常状况，进而及时采取有效的防控手段。如此一来，我们不仅能够降低农药的使用频率，减轻因大量使用农药给环境带来的压力，还能让作物在健康的环境中生长，从而提升作物的产量与品质。在具体应用中，我们可结合热辐射检测结果对叶片进行靶向营养补充，有效解决养分分布不均问题。通过与无人机等现代装备的集成应用，热辐射检测施肥技术能够实现大面积农田的快速扫描，为精准养分管理提供可靠的数据支撑。通过对农田热辐射信息的深度挖掘，我们可制定差异化的施肥策略，确保每块田区获得适宜的养分供给，从而提升肥料使用效率，降低环境负荷。

3. 红外热成像施肥技术

红外热成像施肥技术在精准施肥领域有着不可小觑的潜力。大家都知道，作物的蒸腾作用和它的生理状态紧密相关，而红外热成像施肥技术就能通过检测作物的温度分布，把蒸腾作用的情况反映出来，进而评估作物的生理状态。当作物缺水或者营养不良的时候，蒸腾作用就会受到抑制，这时候，作物表面的温度就会发生变化。农户们利用这个原理，借助红外热成像施肥技术，就能准确识别出作物的营养需求，从而做到精准施肥。另外，红外热成像施肥技术还能提前发现作物病虫害的迹象。病虫害刚出现的时候，会引起植物局部的温度变化，农户们只要分析热成像图，就能在病虫害还没大面积扩散之前采取措施，及时干预。这样一来，农药的使用量就大大减少了，既降低了对环境的污染，又能让作物长得更好，产量和质量都能得到提升。举个例子，在病虫害防控的时候，要是发现叶片有营养不均的问题，我们就可以利用红外热成像施肥技术对叶片进行局部喷肥。现在，随着农业现代化的发展，红外热成像施肥技术和无人机等技术结合起来，能快速监测大面积的农田。通过对农田热成像数据的仔细分析，我们就能制定出精准的施肥方案，保证每一块田地都能得到合适的养分，肥料利用率提高了，环境的负担也减轻了。

4. 无人机施肥技术

在现代化农业中，基于无人机的精准施肥系统成了关键技术。它借助先进的定位技术和智能监测设备，能依据作物生长实际情况，精准把控养分管理，让肥料利用效率得到极大提升。系统通过遥感手段，快速收集土壤养分信息及作物生长数据，为精准施肥筑牢科学根基。值得一提的是，它的自动化作业模式十分便捷，提前设定好飞行轨迹与施肥参数后，无须人工过多干预，就能自动完成施肥任务。这种高效作业方式不仅节省了大量人力，还大幅降低了生产成本，尤其适用于规模化农田管理。面对不同地块，系统会根据土壤特性和作物生长的差异，量身定制施肥方案，实现精细化管理。这种个性化养分管理策略，能让作物生长更均衡，提高养分吸收效率，杜绝因施肥不均导致的资源浪费。精准施肥系统还在施肥精准度和均匀性上实现了质的飞跃，对环境保护意义重大。精确控制肥料用量，有效降低了土壤和水体污染风险，为农业可持续发展添砖加瓦。无人机施肥技术不断创新，智能化水平持续提高，未来在农业生产中的应用范围还将进一步拓展。这对加快农业现代化进程、推动农业科技创新，具有不可忽视的战略意义。

(三)农业机械精准施肥技术的发展

1. 人工智能算法的深度融入

从长远来看，农业机械精准施肥技术的关键推动力量将是人工智能算法。借助深度学习、机器学习这类前沿算法，相关系统有了“智慧大脑”，能够对农田土壤养分情况、作物生长态势等多方面信息，展开智能识别与深入分析。人工智能系统拥有卓越的数据处理本领，能够自动学习并对施肥方案予以优化，极大地提高了施肥的精准度及作业效率。在真实的农业场景里，这些算法可不会“纸上谈兵”。它们会把地区气候的冷暖干湿、土壤类别的砂质黏质、作物品种的特性差异等各种要素统统纳入考虑范围。基于全面分析，为每一块农田量身定制专属的施肥规划。如此一来，不仅能让化肥使用得恰到好处，减少对环境的污染，还能给作物生长提供精准的养分支持，实实在在地提高作物的产量，提升作物的品质。

2. 传感器技术的深化应用

持续拓宽传感器技术在农业领域的应用，是推动农业机械精准施肥技术进步的又一关键路径。在农田中广泛布局土壤成分传感器、植物生长传感器等一系列高精度传感器，便能实时掌握农田养分状况及作物生长需求。这些传感器能收集土壤湿度、pH、氮磷钾等关键养分含量，还有植物株高、叶绿素含量等关键信息。深入分析这些数据，就能为精准施肥提供科学依据，让施肥作业更精准高效，完美契合作物生长的实际需求。

3. 物联网技术的全面互联互通

物联网技术在农业生产领域的大规模应用，正为农业机械精准施肥技术带来新的飞跃。在农田里布置各类传感器，给农业机械和施肥设备装上物联网装置，就能实现数据的远程监测，让设备之间高效"对话"。借助物联网技术，农民足不出户就能实时掌握农田的实际状况，以及设备的运转状态，还能远程操控施肥机械，实现精准作业。不仅如此，把物联网技术与人工智能、大数据等技术深度融合，搭建智能化的闭环施肥系统，还能让施肥过程更加自动化、智能化。通过物联网技术的互联互通，我们可以构建起农业机械精准施肥技术生态，这不仅能推动农业行业的技术革新，提高生产效率，还能为农业的可持续发展注入新的活力。①

第三节　信息技术在施肥中的应用

一、专家系统的建立与应用

（一）专家系统的概念及设计原则

1. 农业专家系统与施肥专家系统的概念

专家系统有农业专家系统、施肥专家系统等。农业专家系统，其实就是一种智能的农业软件系统。它把那些分散的、局部的单项农业技术整合起来，凭借丰富且深入的农业专业知识，利用计算机智能化地处理农业信息。作为农业现代化信息的关键载体，农业专家系统能推广各种实用的农业知识和高新技术成果。它集合了高层次、多领域农业专家的知识与经验，能够模仿人类的推理过程，以简单易懂的方式为用户提供农业问题的咨询服务和决策方案。施肥专家系统是农业专家系统的一种。它根据特定地块的实际土壤肥力情况，以及作物对肥料的需求特点和要求等因素，确定科学合理的基肥施肥量。同时，结合

① 张国锋，陈晓，冯斌．农业物联网 RFID 技术[M]．北京：机械工业出版社，2023.

作物生长态势、气象条件、田间管理等状况，制定科学的追肥计划和追肥方式等施肥决策方案，是专门为施肥提供专业决策的软件系统。要知道，农业知识并非完全完备，而且农业领域极其复杂，涵盖生物、环境、社会及经济等多个学科，是一个庞大繁杂的系统。对于这样复杂的系统而言，运用专家系统进行描述和分析，或许是最佳解决方案之一。

2. 专家系统的特点及类型

(1)专家系统的特点

从目前开发应用的各类专家系统来看，尽管其服务对象和形式多种多样，但均具有以下共同特点：

1)启发性

专家系统所面对的问题通常具有复杂的结构，难以用常规的逻辑框架进行描述。解决这些问题不仅需要依赖于系统的理论知识和一般性常识，更需要借助专家自身积累的经验性启发式知识。

2)透明性

专家系统具备解释自身推理过程的能力，并能回答用户提出的相关问题。这种功能使用户能够清晰地理解系统是如何得出结论的，从而增强用户对专家系统的信任。

3)灵活性

专家系统具备扩展和丰富其知识库的功能，并且能够在非编程状态下优化自身的性能，这体现了其自我学习的能力。

4)符号操作

与传统程序主要侧重于数据处理和数值计算不同，专家系统更注重符号处理和符号操作。它通过符号来表示知识，并利用符号集合来描述问题的各个概念。在专家系统中，一个符号可以代表一系列程序设计逻辑，能够用于表达现实世界中的各种概念。

5)不确定性推理

在解决专业领域的问题时，领域专家往往会依靠经验性方法。这些经验知识主要用于处理那些存在不确定性、但又具备一定概率性的问题。在实际操作过程中，由于问题本身存在不确定性，所以相关信息常常是不完整的。不过，专家系统能够把现有的信息整合起来，再结合模糊理论和经验知识进行推理，这样就能有效解决这种不确定性带来的难题。

(2)专家系统的类型

1)按所求解问题的性质分类

依据专家系统所处理问题的类型和功能特点，我们可将其划分为以下几类：解释型、预测型、诊断型、设计型、规划型、监控型、控制型、调试型、教学型和维修型等。

2)按功能与作用对象分类

依据专家系统的功能及其作用对象，农业专家系统可以被分类为：植物保护专家系统、作物种植专家系统、施肥决策专家系统、果树种植专家系统及蔬菜种植专家系统等。

3. 施肥专家系统的知识类型

施肥专家系统的关键部分便是它的知识体系。这一体系的形成，是领域专家从作物种植、土壤特性、植物营养与施肥等专业内容中，进行提炼、总结而来的。面向基层农户和农技人员，施肥专家系统的领域知识可以采用如下几种类型来表示和组织。

(1)描述型知识

对于常识性、原理性和经验性知识，通常采用描述性知识的形式进行表达。这些描述性知识常借助超文本和超媒体技术，通过文字、音频、图像、动画及视频等多种方式，按照层次化的结构进行有机整合和编排。

(2)数据型知识

数据型知识涵盖作物生产的时间与空间相关数据，以及生产管理过程中的数据。其中，时空数据涉及土壤的酸碱度、营养元素含量、有机质含量及气象数据等；生产管理过程数据则包括相关术语、概念、技术方法、作物品种、农药、化肥及农机具等信息。数据型知识通常通过数据库进行管理和应用。

(3)规则型知识

在处理常识性、原理性和经验性知识时，我们通常采用描述性知识的表达方式。此类知识常借助超文本和超媒体技术，通过文字、音频、图像、动画和视频等多种媒介形式，按照层次化的结构进行有机整合与编排。

(4)集合型知识

将基于实例的推理方法与集合型知识相结合，能够使专家系统的运作方式更加贴近人类的思维模式。这种结合不仅赋予了系统一定的学习能力，还使其能够自动对知识进行强化或修正。

4. 智能推理与决策推理

智能推理与决策推理的实现，是建立在构建知识库、规则库和数据库的前提之上。它会对用户所提供的已知事实展开剖析，进而推导出全新的结论。需要注意的是，作物生长并非一成不变，而是一个动态演进的过程，会因时间推移及环境条件的改变而不断变化。地理位置的不同会导致环境条件、水肥供应以及病虫害等因素的差异，这些因素都会对作物生长产生显著影响。① 在推理过程中，我们通常以事实和时间作为条件来求解问题。打

---

① 张伏，邱兆美，王俊．农业机器人研究与应用技术[M]．郑州：中原农民出版社，2023.

个比方，要是存在这样的情况：一条规则的前提条件，恰恰是另一条规则推导得出的结论，这时候我们就能够运用逆向推理的办法。具体来说，就是把推理前提和推理目标两者之间涉及的规则序列，梳理成类似树形的结构，如此一来，我们就成功构建出了知识树或者叫推理树。

(二)施肥专家系统的建立及应用

1. 施肥专家系统的理论基础与技术架构

施肥专家系统的构建，是基于土壤科学、植物营养学及农业信息技术等多个学科领域的交叉与融合。该系统以精准农业理念为指导，旨在通过智能化手段，为农业生产提供科学、合理的施肥建议。在技术架构方面，施肥专家系统一般由数据采集模块、数据分析模块、决策支持模块及用户界面模块这四大核心部分组成。

数据采集模块是施肥专家系统的“眼睛”和“耳朵”，它负责收集农田土壤、作物生长、气候环境等多方面的数据。这些数据包括但不限于土壤质地、pH、养分含量、作物种类、生长阶段、降水量、温度等。通过高精度传感器、无人机遥感、人工调查等多种方式，数据采集模块能够实时、准确地获取农田信息，为后续分析提供坚实基础。

数据分析模块则是施肥专家系统的“大脑”，它运用先进的算法和模型，对采集到的数据进行深度挖掘和分析。这一过程中，机器学习、人工智能、大数据分析等技术被广泛应用。数据分析模块能够识别土壤养分状况与作物需求之间的关系，预测作物生长趋势，评估不同施肥方案的效果。基于这些分析结果，系统能够为农民提供个性化的施肥建议。

决策支持模块是施肥专家系统的“智囊团”，它根据数据分析模块的结果，结合农民的实际需求和农田条件，制定出一系列可行的施肥方案。这些方案不仅考虑了作物的养分需求，还兼顾了经济效益、环境保护等多方面因素。决策支持模块通过模拟不同施肥方案下的作物生长情况，帮助农民选择最优方案，实现精准施肥。

用户界面模块则是施肥专家系统与农民之间的“桥梁”，它负责将复杂的分析结果和施肥建议以直观、易懂的方式呈现给农民。借助智能手机、计算机这类终端设备，农民无论何时何地，都能便捷地接入施肥专家系统。在这个系统里，他们可以查看自家农田的详细信息，获取专业的施肥建议，还能记录每次施肥操作。在设计用户界面模块时，我们充分考虑了用户体验与交互性。目的就是要让农民朋友无须复杂学习，就能轻松掌握使用方法，实现高效操作。

2. 施肥专家系统的应用实践与挑战

在实际应用场景中，施肥专家系统彰显出了极大的潜力与价值。借助精准的算法和全面的数据支持，它能精准把控施肥量和时机，大幅提升施肥的精准度和效率。这不仅减少了肥料的浪费，有效降低了生产成本，还避免了因过度施肥导致的土壤污染和水体富营养化等环境风险。站在作物生长的层面，按照作物在各个不同生长阶段的实际需求，精准地进行施肥操作，能够为作物生长供应恰到好处的养分，如此一来，对作物的生长起到了显著的推动作用，最终达成作物产量提高及品质优化的良好效果。不过，施肥专家系统在推广和应用过程中也遭遇了不少难题。

在应用实践方面，施肥专家系统已经在多个地区和作物上取得了显著成效。例如，在水稻、小麦、玉米等主要粮食作物上，施肥专家系统能够根据土壤养分状况和作物需求，为农民提供个性化的施肥建议。这些建议涵盖了施肥时间、施肥量、施肥方式等多个方面，帮助农民实现了精准施肥。同时，施肥专家系统还能够监测作物生长情况，及时发现并处理养分缺乏或过量等问题，确保作物健康生长。

然而，施肥专家系统的应用也面临着一些挑战。首先，数据采集的准确性与实时性是决定系统性能的关键要素。农田环境的复杂性和多变性可能导致传感器等设备受到多种干扰，从而影响数据采集的精确性或及时性。其次，数据分析模型的准确性与适用性也是系统面临的重要挑战。由于不同地区的土壤特性、气候条件及作物种类存在显著差异，数据分析模型需要根据具体情况进行针对性的调整与优化。此外，农民对施肥专家系统的认知度和接受度也是影响系统推广的重要因素。一些农民可能由于文化水平、技术素养等方面的限制，难以充分理解和使用施肥专家系统。

3. 施肥专家系统的优化与创新

为了克服施肥专家系统面临的挑战，提高其应用效果和推广价值，我们需要不断进行系统的优化与创新。这包括提升数据采集的准确性和实时性、改进数据分析模型的准确性和适用性、增强系统的用户友好性和易用性等多个方面。

在数据采集环节，我们可采用更先进且稳定的传感器技术和遥感手段，以提升数据采集的精确度和实时性。例如，借助搭载高精度传感器的无人机进行农田遥感监测，能够高效、全面地获取农田信息。同时，我们还可以建立农田信息数据库，对采集到的数据进行整合、管理和分析，为后续分析提供有力支持。

在数据分析模型的优化上，我们可引入更前沿的算法和模型架构，以增强数据分析的精准度和普适性。例如，借助深度学习等人工智能技术对海量农田数据进行训练和学习，从而构建更为精确的预测模型。此外，我们还可以结合不同地区、不同作物的实际情况，对模型进行本地化调整和优化，提高模型的适用性和实用性。

在系统用户友好性和易用性方面，我们可以注重用户体验和交互设计，使系统更加直观、易懂、易用。例如，我们可以通过优化系统操作流程和界面设计，使其更加简洁直观，从而降低农民的使用难度。同时，提供多语言版本及丰富的教程视频等资源，帮助农民更好地理解和掌握系统的使用方法。此外，建立完善的用户反馈机制和服务体系，能够及时响应农民的需求和问题，从而提升用户满意度和忠诚度。

4. 施肥专家系统的未来

随着科技的不断进步和农业信息化的深入发展，施肥专家系统的未来充满无限可能。未来，施肥专家系统将更加注重智能化、精准化、个性化等方面的发展，为农业生产提供更加全面、高效、可持续的支持。

在智能化发展上，施肥专家系统将深度融合先进的人工智能与物联网技术，以实现对农田信息的实时采集、高效分析及精准决策支持。通过搭建智能化的农田管理系统，我们能够对农田环境、作物生长状况及施肥作业等环节进行全方位的实时监控与精细化管理，从而显著提升农业生产的效率与农产品的品质。

在精准化方面，施肥专家系统将更加注重对土壤养分状况和作物需求的精准识别和分析。通过运用高精度传感器和数据分析模型等技术手段，实现对土壤养分含量、作物养分需求等方面的精准测量和预测。基于这些精准数据和分析结果，为农民提供更加个性化、精准的施肥建议和支持。

在个性化方面，施肥专家系统将更加注重考虑农民的实际需求和偏好。通过建立用户画像和个性化推荐系统等技术手段，实现对农民需求的精准识别和满足。同时，我们还可以结合不同地区、不同作物的实际情况和特点，为农民提供更加符合其需求和偏好的施肥方案和服务。

二、“3S”技术在区域养分资源管理中的应用

(一) 养分资源管理概述

作物的养分源于涵盖土壤中的养分、肥料提供的养分及环境中其他途径的养分。由于养分资源具有多种特性，尤其是其能够随着物质进行纵向、横向及循环流动的特性，因此，如何通过优化管理策略，充分发挥养分资源的积极作用，同时控制其可能产生的消极影响，成为实现可持续发展的关键环节。养分资源的管理涉及众多领域，通常需要综合运用多种技术手段来解决相关问题，这也就决定了养分资源必须采取综合管理的模式。

1. 养分资源综合管理的概念及内涵

养分资源综合管理，是一套扎根于农业生态系统的理论与技术体系，旨在通盘考虑自然和人工合成的植物养分资源。在实际运用中，它讲究合理施用有机肥料和化肥，把土壤和环境里潜藏的养分资源充分挖掘出来。同时，精心调节系统内养分的投入与产出，使之处于平衡状态，精准把控养分循环和利用的强度。这样做的目的很明确，一是让养分资源

得到高效利用，二是推动经济效益、生态效益和社会效益协同共进，实现农业可持续发展。其核心内涵包括：

第一，以可持续发展理论为指导，充分开发自然养分资源的潜力，并高效利用人工补充的有机和无机养分。

第二，重视养分作用的双重性，兴利除弊，把养分投入限制在生态环境可承受的范围内，避免养分盲目过量投入。

第三，以维持养分投入与产出的平衡、调控养分循环及利用强度为核心任务；以有机肥和化肥的科学施用、土壤肥力提升与土壤保护、生物固氮、作物品种改良及农艺措施的协同应用为关键手段。

第四，它既是一种理论框架，也是一种综合技术体系，更是一种贯穿农业生产的理念。合理施肥仍然是其重要手段。

第五，以地块、农场(户)区域和全国等不同层次的生产系统为对象，依据生产单元中养分资源的种类、数量及养分平衡与循环参数的测试和估算结果，制定并执行具体的养分资源综合管理方案。

2. 农田和区域养分资源综合管理的概念

养分资源的特性决定了其管理需要在不同层次和范围内进行。为了便于理解，我们可以将其划分为农田养分资源综合管理和区域养分资源综合管理这两个主要层面。

(1)农田养分资源综合管理的概念

农田养分资源优化管理，以生态系统物质循环理论为基石，把自然和人工的各类养分来源整合起来。通过一系列技术，像有机与无机养分的合理投入、土壤的改良和保护、生物固氮的运用、品种的改良及各种农艺措施的系统组合，让农业生态系统里养分的输入和输出达到动态平衡，控制好养分循环的强度，提高养分的利用效率，最终让生产效益和生态效益同步提升。详细来讲，这个管理策略的目标是保证作物高产又优质。它先精准评估土壤和环境供应养分的能力，然后把科学施肥，也就是合理使用化肥和有机肥，作为主要的调控办法。通过优化施肥量、在合适的时期施肥、选择恰当的施肥方式及挑选合适的肥料种类等技术参数，作物对养分的需求，能在时间和空间上，精准匹配土壤、环境及肥料所供应的养分。与此同时，再结合灌溉管理、保护性耕作、高产栽培技术、品种改良及生物固氮等综合手段，全方位提高养分资源的利用效率，推动作物高产和环境保护协调发展。

鉴于不同养分资源的特性差异显著，我们需采取差异化管理策略。氮素资源有着多方面独特的性质。它来源丰富多样，在土壤里的转化过程复杂，在农业生态系统中的去向也十分多元，对作物的产量和品质有着极为明显的影响，同时，它还伴随着较高的潜在环境风险。鉴于这些特性，在养分资源管理里，氮素管理必须占据核心地位。我们要着重强化对土壤和作物氮素的实时监测，根据作物不同生长阶段实施动态调控。反观磷钾养分，它们在土壤中相对稳定，即便施用时稍有超量，对作物产量和品质的影响也比较有限，并且还能产生持续的后效作用。所以，建议在保持养分平衡的前提下，参考土壤中有效养分的含量，以及作物对施肥的实际反应，采用恒量监控的管理模式。至于中微量元素的管理，遵循“缺什么补什么”的原则即可。目前，我国已在农田尺度上建立了以高产环保协同为目标、以作物根层养分调控为核心的新理念，并依据不同养分特性，形成了氮素实时监控、磷钾恒量监控及中微量元素矫正施肥的技术体系。此技术已经应用于小麦、玉米、水稻、棉花、蔬菜和果树上，在我国特别是华北平原的农业生产中取得了良好的社会、经济效益和环境效应。

(2)区域养分资源综合管理的概念

区域养分资源综合管理是一种宏观层面的管理实践。它基于各区域养分资源的特征，以最大化总体效益(包括生产、生态、环境和经济等方面)为目标，制定并实施针对目标区域的养分资源高效利用策略。具体而言，区域养分资源综合管理从特定区域的食物生产与消费体系出发，将养分视为一种资源，以养分资源的流动规律为基础，通过应用各种杠杆手段(如政策、经济、技术等)，对养分流经养分链各单元的存量和流量进行调节，而保持养分资源在不同单元的适宜分配和流动速率，进而维持区域不同单元生产可持续性的管理行为。

(二)“3S”技术在区域养分资源管理中的具体应用

“3S”技术在区域养分资源管理中的应用是以 GPS 技术实时、快速地提供目标的空间位置及 RS 技术远距离测量并分析目标性质为基础，利用 GIS 特有的对空间数据的管理和分析的强大功能对空间数据进行处理。① 因此，将“3S”技术应用到区域养分资源管理，有助于解决区域土壤养分存在很大的空间变异的问题。以“3S”技术为核心的精确农业施肥技术自 20 世纪 90 年代以来发展很快，这种技术将土壤、施肥与产量等相关情况结合来制定推荐的施肥量，受土壤养分与肥料信息精准度的影响很大，在规模化经营条件下便于实施。

近些年来，“3S” 技术发展势头极为强劲，为我们在区域尺度上认识、利用土壤和作物属性的空间变异性，打造了一个极为有力的技术平台。以往，区域养分资源管理主要依靠在区域内开展生物学试验，进而建立肥料统计模型。但如今，研究趋势正悄然发生改变。现在更多的是借助信息技术和施肥模型，对作物与土壤养分资源展开精细化管理，致力于构建一套完整的区域养分资源管理及作物推荐施肥技术体系。

---

① 刘健，周瑞岭，颜廷州．物联网+智慧农业[M]．天津：天津科学技术出版社，2022.

1. 遥感技术在养分资源综合管理中的应用

(1)遥感技术监测土壤养分动态变化

遥感技术，作为一种非接触式的远距离探测手段，能够高效地获取地表信息，为土壤养分资源的综合管理提供了强大的技术支持。在土壤养分动态变化的监测中，遥感技术通过捕捉土壤表面反射或发射的电磁波信息，解析出土壤的水分含量、有机质含量、养分分布等关键指标。

具体而言，高光谱遥感技术以其对地表物质精细光谱特征的捕捉能力，成为监测土壤养分动态变化的重要工具。不同土壤成分对特定波长的电磁波具有独特的吸收和反射特性，高光谱遥感技术正是利用这一原理，通过连续测量地表在宽光谱范围内的反射率，构建土壤养分的光谱特征库，随后，利用机器学习或深度学习算法，对光谱数据进行深入挖掘，建立土壤养分含量与光谱特征之间的定量关系模型。这一模型能够实现对土壤养分含量的快速、准确估算，为养分资源的精准管理提供科学依据。

此外，多时相遥感技术通过定期获取同一区域的遥感影像，对比分析不同时间点的土壤养分信息，揭示土壤养分的时空变化规律。这种技术对于监测土壤养分随季节、气候等因素的变化尤为有效，有助于制定更加科学合理的养分管理策略。

(2)遥感技术评估作物养分需求与生长状况

在作物生长过程中，其对养分的需求是养分资源综合管理的关键考虑因素之一。遥感技术通过监测作物的生长状态，能够间接反映作物对养分的吸收和利用情况，从而为精准施肥提供科学依据。

植被指数作为遥感技术中用于评估作物生长状况的重要参数，是实现这一目标的关键工具。它利用遥感影像中红光和近红外波段反射率的比值或组合，反映作物叶绿素含量、生物量等关键生长参数。通过构建植被指数与作物养分需求之间的关系模型，我们可以实现对作物养分需求的实时监测和预测。例如，当植被指数偏低时，可能意味着作物养分不足，需要及时补充养分；而当植被指数过高时，则可能表明养分过剩，需调整施肥策略以避免浪费和环境污染。

此外，遥感技术还能通过监测作物的冠层结构、叶片形态等特征，评估作物的养分吸收效率和生长潜力。这些信息对于制定个性化的养分管理方案、提高养分利用效率具有重要意义。

(3)遥感技术辅助精准施肥决策

精准施肥是实现养分资源综合管理的核心目标之一。遥感技术能够实时提供有关作物养分需求和土壤养分状况的信息，为精准施肥决策提供了重要支持。

基于遥感技术的精准施肥决策流程一般包括以下步骤：首先，通过遥感技术获取有关作物养分需求和土壤养分状况的数据；其次，结合气象、农事管理等其他相关因素，运用数学模型或智能算法对施肥量、施肥时间、施肥方式等进行优化计算；最后，将优化后的施肥方案反馈给农民或农业机械设备，实现精准施肥作业。

在这一过程中，遥感技术不仅提高了施肥决策的科学性和精准性，还降低了施肥成本和环境风险。通过避免过量施肥和养分流失，精准施肥有助于保护生态环境、提高农业可持续发展能力。

2. 全球定位系统在养分资源综合管理中的应用

(1)土壤养分分布调查

播种前，有一种专门在农田作业的采样车，能依照特定要求在田间采集土壤样本。车上配备了 GPS 接收机和计算机，计算机里还装有地理信息系统软件。采集样本时，GPS 接收机精准测定样本采集点的位置，再把数据传输给计算机。随后，计算机凭借地理信息系统，对采样点进行标注，进而绘制出一张土壤样本点位分布图。

(2)监测作物产量

想搭建作物产量监测系统，只需在联合收割机上装上计算机、产量监测器及 GPS 接收器就行。要注意，不同农作物得搭配专门的产量监测器。就拿收割玉米来说，玉米产量监测器会记录下玉米的穗数和产量，与此同时，GPS 接收器会记录下收割位置的信息。这些数据被传输到计算机进行处理后，就能生成每块土地的产量分布图。把产量分布图和土壤养分含量分布图放在一起做综合分析，就能找出影响作物产量的关键因素，为后续在田间开展施肥等管理工作提供科学依据。

(3)合理施肥，精确农业管理

基于土壤养分空间分布特征，配置配备 GPS 定位系统的智能施肥设备，通过卫星定位技术实现精准变量施肥。这套系统十分智能，它能依据土壤养分分布图，精准把控施肥的具体位置和用量。施肥用什么种类、用多少，都由计算机系统按照事先设定好的养分分布数据，自动进行调控。

在管理作物生长的过程中，巧妙融合遥感影像与 GPS 定位技术生成的图谱能直观展现作物生长状态。凭借 GPS 定位功能，准确采集有代表性的土壤样本和植株样本，将它们送往实验室深入分析，经过一系列专业操作，便能绘制出作物在不同生育期的土壤养分动态分布图。这些分布图就像是精准农业管理的“指南针”，为农业生产提供坚实可靠的数据支撑，让农业生产朝着更科学、更高效的方向迈进。

在实际开展施肥作业时，运用 GPS 差分定位技术，能够对飞行器的作业路线进行优化。如此一来，能有效缩减化肥喷洒时出现的横向重叠区域，从而降低肥料的使用量，防止过量施肥给作物生长带来负面影响。与此同时，还能减少飞行器转弯区域的肥料重复喷洒浪费现象，进一步提升资源利用效率。夜间施肥具有独特优势，由于夜间蒸发量小、漂移损失低，且植物气孔开放度较高，有利于养分吸收，可显著提升施肥效果。借助差分GPS系统的高精度导航功能，我们可指导农业机械进行夜间精准施肥和田间作业，实现化肥用量的有效控制。

3. 地理信息系统在养分资源综合管理中的应用

地理信息系统（Geographic Information System，GIS）在区域养分管理领域应用十分广泛，不过以往的使用方式大多局限于数据的存储、维护、管理，还有空间变异分析这些方面。在这个过程里，模型及模型管理系统基本只起辅助作用，没办法很好地解决区域养分资源管理里的关键难题。就拿土壤氮素来说，它的转化过程繁杂，损失途径多种多样，而且很难进行定量化分析，传统的 GIS 应用对此就显得力不从心。

与之不同的是，以模型库作为驱动核心的空间决策支持系统，把提升决策有效性当作目标。它通过构建决策模型，进行空间复合运算，在决策的各个阶段都能提供有针对性的支持，从决策开始到结束，全程发挥作用。这种系统正好能弥补传统 GIS 在空间信息分析评价、时空分析、预测模拟及决策支持等方面模型分析功能不够完善的缺点。

（三）基于 GIS 技术的区域养分资源管理的步骤

地理信息系统技术在区域养分资源管理中正发挥着日益重要的作用。基于 GIS 的区域养分资源管理是在 GIS 平台的支持下，利用空间插值技术生成区域性的土壤养分分布图，并在此基础上结合养分管理模型进一步进行区域养分管理区划。利用 GIS 进行某区域养分资源管理的具体步骤如下。

1. 土壤和作物空间数据的采集

通过空间网格法实地取样和调查，获取研究区域土壤和作物属性信息。以一定区域行政边界为调查边界采集空间土壤样品，同时调查空间作物产量与施肥量等数据，即采集土壤样品和调查作物产量与施肥量等数据的同时用 GPS 定位。空间土壤养分属性采用空间等距方格取样的方法获得，空间作物产量、施肥量等数据源于空间数据调查。

2. 土壤养分含量分析

经过处理的空间土壤样品用于分析其中的养分含量。这些养分包括有机质、全氮、全磷、全钾、pH、有效氮（硝态氮与铵态氮之和）、有效磷、有效钾、交换性钙和镁、有效硫、水溶性氯、有效铁、锰、铜、锌、硼和钼等。

3. 土壤属性专题图的准备

目前，国内外已经开发出多种地理信息系统平台，例如 Arc/Info、ArcView、MapInfo 和 MapGis 等。利用 GIS 的屏幕矢量化功能，我们可以对研究区域的行政区划图进行矢量化处理，生成研究区域的边界图及采样区域的行政区划矢量图。例如，针对第二次土壤普查所制作的土壤属性图和土壤质地图，我们首先要做的是对这些图件进行扫描。扫描完成后，借助 ArcView 软件的数字化图件功能，将扫描后的图转化为数字形式，从而生成带有相对坐标的数字地图。接下来，我们再运用 TopMap 软件，把这张数字地图的相对坐标转换为大地坐标，如此一来，我们就得到了具备地理信息属性的土壤属性专题图。

4. 土壤采样点位图

我们可以依靠 Arc/Info 系统，对通过 GPS 定位获取的采样点坐标加以转换，进而生成一张采样点位图。紧接着，我们利用采样点特有的代码，也就是 ID，把采样点位图上的坐标，跟土壤养分测定数值，以及作物产量水平的数据库建立起联系，让它们彼此关联起来。

5. 土壤养分和作物产量分布图的生成

运用统计学里的空间插值办法，我们能够得到区域范围内关于土壤属性、土壤养分以及作物产量水平的分区专题地图。具体操作是，先对通过网格法收集到的作物产量与土壤养分数据，使用克里金空间插值技术处理，之后经过坐标校正，就能生成带有地理信息的空间图件。把 Arc/Info 制作出来的行政区划图和采样点位图，导入 ArcView 系统中，再利用插值手段，绘制出不同土壤养分与作物产量的分布地图。

6. 区域养分资源管理(施肥)分区图的生成

在生成的土壤养分和作物产量分布图的基础上，综合养分管理模型并通过叠加的方法生成区域养分资源管理(施肥)分区图。ArcView 软件的计算功能十分强大。我们以农作物氮素需求分析来说，通过它，我们可以依据作物期望达到的产量水平，以及生产 100kg 小麦和玉米籽粒分别需要的氮素量，算出区域内作物氮素需求的分区图。不仅如此，我们还能利用土壤有机质和土壤氮素矿化量之间的数学关联，推导得出小麦和玉米生长季的土壤氮素矿化分区图。另外，根据土壤质地的不同分级，比如中壤土和沙壤土，我们可以估算出小麦季氮素的表观损失分区图，了解在不同质地土壤中小麦生长季氮素损失的情况。最后，通过对这些不同图层之间的数据计算分析，我们就能得到小麦和玉米季的优化氮肥用量分区图。

第六章 智慧农业技术应用

第一节 智慧农业中的感知技术及应用

一、植物生长和生理信息的感知技术

植物的长势情况直接决定了作物的产量和品质，因此及时获得植物生理信息、科学把握植物生长状况，对监测农情、预防病虫害具有重要意义。[①] 植物生长过程的感知与监控主要是利用传感器和摄像头来检测植物的生理信息，比如植物的茎流、茎秆直径和叶片厚度等。

（一）植物茎流传感器

植物体内水分传输系统反映了其生理活动状态，这一过程始于根系吸收土壤水分，经由茎部导管向上输送至冠层，最终通过气孔蒸腾作用散失到大气中。在整个过程中，植物茎部的水分始终处于不断流动的状态。一旦对茎部的某一处施加热量，流动的水分就会裹挟着一部分热量向上传导，一部分热量会与周围的组织产生热量交换，而剩余的热量则会以辐射的方式向外散发。基于热传导和热平衡的基本原理，借助数学模型进行运算，我们就能计算出水分的传输速率，而这个速率，也就是我们所说的植物蒸腾强度。近些年来，在运用茎流测定技术来评估作物蒸腾速率的研究领域，我们取得了相当突出的成果。目前，主要衍生出了热脉冲法、热平衡法及热扩散法这三大类测量体系。其中，热平衡法在实际运用中，主要适用于那些直径比较小的植物器官，像细细的茎秆、柔软的枝条，还有刚冒头的幼苗等。

---

① 姚光琴，谢久凤，向钦瀚．新型智慧农业技术应用[M]．长春：吉林科学技术出版社，2023.

热平衡法的核心原理是：当向茎部特定区域施加恒定热源时，在存在茎流的情况下，茎部温度将达到动态平衡。在理想条件下(忽略热损失)，输入的热量应等于茎流带走的热量。这一热平衡关系构成了茎流测定的理论基础。

植物茎流动态是其复杂生理机制与多种环境因子共同作用的结果，这些因子包括土壤含水量、空气温湿度、太阳辐射强度和风速等。同时，茎流量还受检测植株种类、个体大小、叶面积、茎部位置和直径等因素的影响。通过精确测定茎流变化，我们可以量化环境因子对植物生理的影响程度，为深入研究植物生理与环境互作机制提供重要依据，从而为探究温室智能调控、节水灌溉、诊治植物病虫害等方面提供有效检测工具。

(二)植物茎秆强度传感器

植物茎秆强度传感器也可称为抗倒伏测定仪，其核心原理是通过压力传感器检测茎秆的弯折性、抗压强度和穿刺强度等力学特性。对于玉米、高粱、烟草等作物而言，茎秆强度是决定其抗倒伏能力的关键因素。长期以来，玉米、高粱和烟草的倒伏问题给机械化收割带来了极大困难。从机械化水平来说，造成大量的粮食浪费。另外，玉米倒伏，导致光照不充分，使其生产量受到极大的限制，该仪器适用于农业遗传育种部分。

(三)叶绿素含量测定仪

1. 简介

通过用SPAD-502叶绿素含量测定仪测量叶片在两种不同波长范围内的透光率，我们可以确定叶片中叶绿素的相对含量。这种方法作为一种广泛应用于全球的活体叶绿素测定技术，具有极高的操作便捷性。

2. 工作原理

叶绿素可是植物吸收光能的“功臣”，它对不同波长的光有着截然不同的吸收表现。依据这个特性，我们能够通过测定叶片在两个特定波长区间的透光率，来估算叶绿素的相对含量。SPAD-502叶绿素含量测定仪就巧妙地运用了这个原理，它通过计算叶片在两个不一样的波长区域的透光量，从而实现对叶绿素的定量分析。在这两个波长区域中，叶绿素的光吸收特性存在显著差异：红光区(叶绿素在此区域对光的吸收较强且不受类胡萝卜素干扰)和红外光区(叶绿素在此区域对光的吸收极低)。

3. 产品特点

这种测量方式快速且便捷。在测量过程中，我们只需将叶片插入测量探头并闭合即可，无须剪下叶片。因此，我们可以在作物生长的整个周期内对特定叶片进行连续监测，从而获得更具科学性的分析结果。

（四）LI-COR-8100A 土壤碳通量自动测量系统

1. 简介

美国 LI-COR 公司研发了首款专门用于土壤 CO_2 通量测定的仪器——LI-COR-8100A 土壤碳通量自动测量系统。该系统具备长期和短期监测功能，其中长期监测模式采用特殊设计的便携式叶室，可在固定点位连续数周甚至数月自动记录土壤 CO_2 通量的昼夜变化规律。这种长期监测叶室的设计最大限度地降低了对土壤自然状态的干扰，确保获得可靠的长期观测数据。在短期监测模式下，系统配备创新型移动叶室，可快速获取多个监测点的 CO_2 通量数据，实现对空间异质性的精确评估。

为应对土壤 CO_2 通量在时空尺度上的显著变异性，LI-COR 公司在 LI-COR-8100A 土壤碳通量自动测量系统基础上开发了新装置。该装置可同时连接 16 个监测室，实现了多点位土壤 CO_2 通量的同步连续观测，大大提升了监测效率和数据的空间代表性。同时，该系统还可用于大气 CO_2、水蒸气廓线研究。另外，通过连接其他环境传感器，比如太阳辐射、土壤温度和土壤水分传感器等，我们可研究环境条件变化与土壤 CO_2 通量的相关性。

2. 工作原理

LI-COR-8100A 土壤碳通量自动测量系统主要是通过测定测量室内二氧化碳（CO_2）浓度的上升速度，以此来推测土壤中 CO_2 向空气中扩散的速率。为了保证推算出来的结果准确无误，测量室内和室外的浓度梯度、气压，还有土壤的温度与湿度，都得尽量维持在相同的水平。不过，在实际情况中，测量室内外土壤表层与空气之间的 CO_2 浓度梯度，通常很难做到完全一致。好在这个问题有解决办法，我们可以通过估算测量室关闭后 CO_2 浓度刚开始增加的速率来处理。

另外，测量室有可能会让土壤中原本的 CO_2 浓度梯度发生改变，进而导致 CO_2 流量估算出现误差。所以，美国 LI-COR 公司给出建议，把测量时间控制在 0.5 到 3 分钟，这样能最大程度确保测量室内 CO_2 浓度的变化微乎其微。

便携式 LI-COR-8100A 土壤碳通量自动测量系统重量轻、不受天气状况影响，能量消耗低，且可以用膝上型计算机或个人数字助理（Personal Digital Assistant，PDA）对仪器进行操作。无线通信提供了一个完整的、灵活的软件包以适合用户不同的数据采集协议。

3. 应用领域

第一，土壤 CO_2 通量的自动监测。

第二，植物群落 NEE 多点监测。

第三，廓线监测。

第四，果实及其他小样品 CO_2 排放速度监测。

4. 优点

第一，可进行精确、自动、重复的测量，连续监测、野外无须值守。

第二，经久耐用的防水接头和机箱，高流速、低耗电、寿命长的电磁阀，清洁过滤装置等高质量的硬件系统。

第三，强大的数据分析处理功能，可以提供包括土壤碳通量等在内的最终结果数据。

第四，LED 指示器面板提供多路器状态诊断信息，系统软件自动漏气检测，无须附加部件。

第五，独特的测量室通风口设计，保证室内外压力平衡；机械式气室驱动机制，保证对土壤的扰动最小。

第六，高质量的防温涂层，可防止室内温度快速改变。

第七，系统重量轻、能耗低，不受天气状况影响，可用计算机或者 PDA 无线通信对仪器进行操作。

第八，数据可存储在主机内部的闪存器或可移动闪存卡中。

第九，每个测量室均可连接土壤温度和土壤水分等辅助传感器。

第十，用户可决定配置测量室的数量，并可现场进行调整。

第十一，可用作 CO_2 廓线研究。

二、感知技术的应用

(一) 农田小气候的感知和监测

用现代信息技术和产品装备农业，比如在农田、温室大棚、养殖场等场所装备无线传感器、探测头，及时准确采集和传输光、热、水、气、肥等环境因子信息，为生产决策和管理提供科学依据。如通过监测手段对大田作物的“四情”进行动态监测、分析、预警，并通过生产指挥调度平台进行及时处置，减少危害，降低损失。

基于物联网技术架构的大田“四情”监测调度体系建设，一共有以下几个方面的建设目标：

1. 建立大田信息采集系统

负责农田环境(包括空气湿度和温度、土壤湿度)、太阳辐射、风速、风向、雨量、图像、视频等开展实时监控，并实时无线远程传输到苗情信息监控中心，由数据接收与传输系统进行转换处理后进行存储和管理。①

① 刘桂阳，王娜，李龙威，等. 虚拟农业技术应用[M]. 哈尔滨：哈尔滨工程大学出版社，2021.

2. 建立大田数据接收与传输系统

该系统负责接收数据采集与传输平台传送的数据，并从分布式的、异构的数据源中提取数据，这些数据源包括关系型数据库和平面文件等。系统会把相关数据提取到临时的中间层级，紧接着开展数据清洗工作，剔除那些错误、重复及不完整的数据，让数据变得干净整洁，然后进行数据转换，根据实际需求调整数据的格式、类型，让数据符合使用规范。完成这些后，将不同来源的数据集成在一起，整合出一个完整的数据集合。最后，把处理好的数据加载到数据仓库或者数据集市里。这些经过精心处理的数据，就像是搭建高楼大厦的坚实基石，为后续的联机分析处理及数据挖掘提供了必不可少的基础支撑，让相关工作得以顺利开展。此外，系统还承担着日常的维护和数据备份任务。

3. 建立大田监测管理系统

承担对作物生长状况、土壤墒情、病虫草害情况及灾害情况的实时数据监测任务，并对大田作物在各个生长阶段的长势和外观特征进行动态监测与趋势分析，承担信息存储、过程监控、问题发现、在线查询及统计分析等任务。

4. 建立农业技术专家支撑系统

负责对大田“四情”等各类病害问题的诊断和分析，并提出相应的田管措施。方式有多种，如视频诊断、专家会诊等。专家支撑系统的信息数据一方面来自专家经验，另一方面源于农业知识库，将两者结合运用，能够替代少数专家群体，深入田间地头、走进农户家中，为农民提供科学种田的现场指导，培训农业技术人员，并将先进且实用的农业技术直接传授给广大农民。

5. 建立农业综合服务系统

体系所获得信息数据经过加工、分析、判定之后，得到的结论信息、过程信息、作物环境和本体信息，可以通过综合服务系统向不同用户(农业专家、政府管理部门、农户、农企、消费者等)提供服务，进而满足不同用户不同的需求诉求。

6. 建立农业生产指挥调度系统

在大田监测管理系统和农业技术专家支撑系统应用的基础上，利用可视化、远程化、智能化等现代技术手段，对全省的农作物种植、田管、收割、抗灾等工作进行诊断、会商、指挥和调度。

(二)畜禽牧业生产及运输过程的感知和监测

1. 畜禽类养殖环境的智能监控

动物体的各种机能是指它们的整体及其各组成系统、器官和细胞所表现的各种生理活动。利用传感器、射频识别(Radio Frequency Identification, RFID)、摄像头等技术对动物生长过程的机能变化发展及对环境条件所起的反应进行感知与监控，保证家畜与家禽生长安全。

依托物联网科技，面向设施化畜禽养殖场的生产运作与管理流程，运用智能传感装置，实时且在线地收集养殖场的环境相关数据。这些数据涵盖二氧化碳浓度、氨气含量、硫化氢浓度、空气的温度与湿度、光照强度及视频监控影像等。此外，对养殖场现有的环境调控设备及饲料投喂管控设备展开整合与改造工作，以此达成畜禽养殖场智能化生产与科学化管理的目标。主要包括：

(1)畜禽舍环境信息智能采集系统

实现对养殖舍内环境参数(二氧化碳、氨气、硫化氢、温度、湿度、光照强度及视频监控等)的自动检测、数据传输和接收。

(2)养殖舍环境自动调控系统

实现养殖舍内环境(照度、温度、湿度等)的集中、远程、联动控制。

(3)智能养殖管理平台

实现对来自养殖舍的各类信息的存储、分析与管理；具备阈值设置功能；提供智能分析、检索及告警功能；支持权限管理功能；并提供用于驱动养殖舍控制系统的管理接口。

2. 畜牧的标识技术

传统的动物个体标识方式包括打耳缺、刺青、烙印、耳标及直接涂标等方法。这些方法的优点在于操作简便且成本较低。然而，它们也存在一些不足之处：除打耳缺外，这些标识在动物体上的保存时间通常较短，可能会对动物造成一定程度的伤害，且容易出现错误。此外，传统标识编码难以实现自动化的机器识别。对于大规模动物群的标识，传统方法不适用。

随着射频识别技术的持续发展，动物标识方法得到了显著改进。数字化耳标系统可采用多种标识方式，包括数字编码、图形标签、电子芯片及虹膜生物特征等。目前，二维码耳标技术因其高密度编码和大容量信息存储特性而得到广泛应用。该技术能够将图像、音频、文本、签名和指纹等数据转化为数字编码，并以图像形式存储，具有成本低廉、操作便捷和耐久性强的优势。然而，该方法也存在标识褪色、材料老化和脱落等问题。

相比之下，电子耳标技术采用无线射频通信原理，可通过无线电波识别目标对象并读取存储数据，无须在识别系统与目标之间建立物理或光学接触。该技术具有多重优势：抗机械振动、耐材料老化、防水防潮、适应温度变化、抗紫外线辐射和耐液体浸泡等特性。此外，电子耳标支持数据加密和重复读写，实现了非接触式、便捷且无须精确对准的自动识别。但其成本较高，这使它的广泛应用受到一定的限制。

3. 快速检疫系统

近些年来，像高致病性禽流感这类重大动物疫病突然来袭，给我国畜牧业的平稳持续发展带来了不小的冲击，极大地制约了行业迈向健康发展的步伐。而且，这些疫病不单单危及人民群众的身体健康与生命安全，在经济发展及社会稳定方面，也产生了诸多负面作用。为有效防控诸如禽流感等重大动物疫病的发生，我们需要建立一个完善、及时、高效的快速检疫系统，对动物的疫情、疾病等进行早期预警，从而能尽快采取有效措施控制重大动物疫情的发生。

快速检疫系统依托 RFID 技术搭建而成，主要用于省、市、县境道口的监测工作，重点把控过境畜禽的疫病状况。这个系统不仅能在大型屠宰场发挥作用，还能将覆盖范围拓展至冷库及批发市场。系统里设有动物防疫监督数据库，主要用来对入境、出境和过境的畜禽产品的货物详情、检疫证明状态还有违章情形等进行检查、记录和追踪。快速检疫系统可以给监管部门实时反馈数据，依据不同用户的职责划分设置专属的访问权限，达成权限分配的功能，以此保障畜产品在运输期间的质量安全。

4. 活畜(禽)流通实时监控

在畜牧业领域，将 RFID 技术与 GPS 技术融合已成为新兴发展趋势。GPS 具备全球定位能力，凭借这一特性，可对农畜产品运输全程实施监控，极大增强了信息交互的即时性，强化了对运输流程的管控效果。畜产品的时效性与保鲜度是决定其品质的关键要素，这无疑给现代化物流带来全新挑战。

畜产品物流监控管理系统依托 RFID、GPS 及 GIS 技术得以构建，达成了运输、保管与配送各环节的信息共享、协同作业及快速响应。在物流进程中运用 RFID 自动识别技术，切实保障了商品实物流转与信息流更新的同步性。此系统能够对生产和仓储环节的物流数据进行跟踪采集，进而节省人力成本。另外，通过结合 GPS 和 GIS 技术，系统可全方位监控物流配送并进行信息管理，有效减少物流环节间信息交换耗时，提高物流流转效率。

此外，系统还提升了各环节信息的准确性、及时性和透明度，促进了供应链各环节的协同运作与科学决策，进而实现降低物流总成本的目标。

5. 畜产品的安全监管

在奶制品生产环节的监管中，奶制品溯源码可与生产批号相结合，实现从原料奶生产、运输、质检到生产工艺等各环节的完整追溯。这一机制为消费者提供了即时查询的途径，包括互联网、手机、语音交互和短信等多种方式。消费者可以随时知晓奶制品的生产流程，从而安心消费。与此同时，一旦出现涉奶食品安全事件，农业、畜牧、工商、质检等监管部门借助溯源系统，能够迅速锁定违规环节，实现更迅速的信息披露和对相关单位的整改督促。

物联网的应用，实现了畜产品从牧场到餐桌的整个生产过程的质量追溯，确保了畜禽产品的安全监管，使得一块牛肉的产地、牛的养殖户及饲养情况及牛的各类疫苗注射情况一目了然。物联网信息贯穿养殖、生产、交易、加工和销售等各个环节，使得畜产品的质量得到了一定的保证，提升了畜产品质量的公信度，增强了消费者信心，[①] 在促进畜牧业升级换代和企业安全生产的同时提高了产品质量，也让销售数量稳定增长，产生巨大的经济和社会效益。

我国的畜牧业在软件和硬件开发及解决方案实施方面，顺应了养殖模式的转型趋势，并满足了政府监管的要求。在此过程中，形成了一批相关产品，并获得了一批自主知识产权，这些技术和产品在实际应用中也取得了一定成效。然而，从物联网技术自身的技术环节来看，中国畜牧业物联网技术的应用和产品开发仍处于初级阶段。目前，基础的技术标准与规范亟待完善，关键技术与产品存在不足，行业对畜牧业物联网的认知度较低，且现有的物联网技术在畜牧业中的应用仍具有一定的局限性。中国是畜牧业产业大国，物联网技术的应用，能够大大减少劳动力，还节省饲料用量减少浪费，缓解对土地、环境、劳动力及饲料资源的需求压力。另外，物联网技术在畜牧业生产过程的全覆盖应用，对畜产品的全程跟踪和溯源，将大大提高对各个环节的监控能力，提高饲料的转化率及畜产品品质，提高对畜产品质量安全的监管能力，保障畜产品的有效供给与质量安全，意义重大且深远。

(三)水产养殖过程的感知和监测

长久以来，我国水产养殖业中过度追逐产量和短期经济收益的情况屡见不鲜。这使得养殖密度过大，从业者环保意识淡薄，养殖病害愈发严重，药物滥用成风。结果，水域生态环境遭到破坏，水产品质量安全没了保障，行业可持续发展受到极大限制。所以，强化养殖环境的监测与调控，维持良好的养殖生态，就成了推动水产养殖业可持续发展的关键所在。

养殖环境的核心参数包括水温、光照、溶解氧、氨氮、硫化物、亚硝酸盐和 pH 等，这些指标难以通过人工观察准确判断，常规养殖是通过人工经验进行指导，产量与品质都很难控制。通过物联网技术实时采集和传输养殖数据，实施科学管理，是提升产量和品质的有效途径，然后长期不间断实时采集数据，并将数据实时传输给监控中心。

水产养殖数据传输可采用有线和无线两种方式。无线传感器网络由传感器节点、汇聚节点、路由节点、中心基站、网络服务器和远程访问终端等组成。为便于网络管理，我们

① 周承波，侯传本，左振朋．物联网智慧农业[M]．济南：济南出版社，2020.

通常将系统划分为多个无线传感簇团，每个簇团包含若干传感器节点和一个汇聚节点。传感节点负责采集、存储其所在地点的各种信息、数据，并通过多种通信方式将数据传输至汇聚节点。汇聚节点负责数据整合、滤波和临时存储，并将处理后的数据转发至管理基站。管理基站连接网络，定期向服务器发送数据存储请求和执行相关操作。在一定访问权限许可下，网络服务器可以向远程客户提供数据检索服务。

智能增氧系统的控制流程如下：一旦检测设备探测到水体中的溶解氧数值低于预先设定的阈值，系统就会自动开启增氧设备。与此同时，设备的运行状态及监测数据也会即时传输到监控中心。监控中心可实时掌握水体参数变化，执行控制指令并发出预警。

在设施化养殖基地里，一般会在养殖水体的不同深度，像是深水区、浅水区和水面，还有空气中，都布置多个传感器。只要检测到水温或者气温超过了预先设定的范围，系统便会自动对温控设备进行调节，让养殖环境始终保持在合适的温度区间。

当前，我国水产养殖业正处于转型升级的关键时期，深化产业结构调整、促进农民增收、提升水产品市场竞争力的需求日益迫切，加快推进养殖信息化建设尤为重要。借助信息化推动水产养殖迈向现代化，这对促进农业发展、改善渔民生活意义重大。深刻理解信息化在水产养殖行业发展中的关键作用，运用信息技术加快科技成果转化，建立起完善的养殖监测、预警、安全和标准体系，推动传统养殖模式的转型升级，实现养殖过程自动化、信息化与高效化，已然成为提高生产效率、降低运营成本、规范生产管理，进而推动渔业经济可持续发展的必由之路。

第二节　智慧农业中的物联网技术及应用

一、农业物联网技术基础

(一)农业物联网技术概述

在计算机和互联网之后，物联网技术作为信息产业的第三次革命浪潮汹涌而来，正全方位地深刻改变着社会生产与生活的各个方面。物联网搭建起一个以互联网、传统电信网络及传感网络为基础的综合性信息平台，借助信息传感设备，实现物理对象与互联网的相互连接，实现数据计算、处理和知识挖掘，最终达到智能识别、控制、管理和决策的目标。其本质是通信网络、互联网、传感技术和移动互联网等新一代信息技术的深度融合与综合应用。近些年来，像物联网这类具有代表性的信息通信技术，朝着实际生产力转化的速度不断加快。它不再仅仅是基础工具和产品，已经摇身一变，成为重塑生产模式的关键基础设施。这一转变，极大地改变了传统产业的面貌，也重塑了人们的生活方式。在此过程中，大量创新技术、产品和别具一格的服务模式不断涌现，有力推动了全球数字经济的繁荣发展。

物联网技术的革新，促使农业物联网迅猛发展。农业物联网把物联网技术引入农业生产范畴，通过布置形形色色的传感器与感知装置，收集农业生产、流通阶段及作物生长历程中的关键数据，依靠无线传感器网络、移动通信网络及互联网来传输这些数据。经过对海量农业数据开展清洗、整合、分析及处理等操作，最终借助智能终端达成对农业生产全流程的监控、科学决策及实时服务。农业物联网是新一代信息技术与农业领域深度交融的必然成果，必将对我国农业现代化进程产生意义深远的影响。

（二）理论基础

目前，我国农业信息化与农业现代化建设已步入全新发展阶段。在这一过程中，农业物联网崭露头角，逐渐成为驱动未来农业发展的新兴动力，更是改变农业、惠及农民、振兴农村的新力量。可以预见，在这场全新的农业技术变革浪潮里，农业物联网定将释放出巨大能量。农业物联网在其发展过程中有着自己的属性、特征和规律，并逐步形成理论体系。

1.“万物”互联是农业物联网的基本属性

物联网具备全面感知、可靠传输和智能处理的特性，能够有效连接物理世界，搭建起人类思维与物理世界之间的桥梁。它使人类能够以更加精细和动态的方式管理和调控生产与生活，增强对物理世界的实时掌控和精准管理能力，进而实现资源的优化配置及科学智能的决策。物的属性决定了物联网的特性。农业物联网是联系自然界和人类社会的复杂网络，普遍存在小世界性、自适应性、健壮性、安全性、动态随机性、统计分布性和进化稳定性。

农业物联网通过多层架构实现“万物”互联，包括感知层、传输层和应用层。感知层是系统的核心基础，决定了物联网的连接广度和深度，其发展依赖于农业专用传感技术和设备的支持。传输层如同信息交互的关键纽带，承担着把感知层所收集的数据传递到互联网的重任，为应用层提供有力的服务支撑。而应用层会对感知到的数据展开处理、存储与分析工作，依据大田种植、设施园艺、畜牧养殖、水产养殖及农产品流通等不同农业领域的特性，给出智能化的管理方案。

农业系统是一个融合自然、社会、经济和人类活动的复杂巨系统。基于农业物联网的发展规律，农业农村部提出了“全要素、全过程、全系统”的“三全”发展理念。

“全要素”涵盖农业生产的所有关键因素，包括水土资源、种子、肥料、农药等生产资料；光照、温度、湿度等环境参数；劳动力、生产工具、能源动力等生产要素；以及市场销售、物流配送、成本控制等经营要素。

“全过程”贯穿农业生产的完整周期，涉及产前准备、产中管理和产后处理等环节，包括种植养殖、加工储运、市场交易、消费流通等产业链活动，以及政策制定、监管执行和治理激励等管理流程。

“全系统”则涵盖农业运行所需的各类支持系统，包括生产系统、经营系统、管理系统和贸易系统等自然与社会资源。

发展农业物联网需要全面贯彻“三全”理念，从作物全生命周期、产业全链条和相关因素整体性出发。系统感知和控制的要素越全面，信息处理能力越强，其应用效果就越精准和高效。

2. 生命体数字化是农业物联网的鲜明特征

农业不同于工业，对象都是生命体，生产周期长、影响因素多、控制难度大、产品价值低，难以实现标准化和周年均衡供应，同时需求有刚性，产品种类多，地域特色明显。若想借物联网之力改造升级传统农业，大幅提升农业生产水平，就得从农业对象的生命机理入手，需耗费大量心力，钻研并模拟农业生命体各要素间的相互联系，阐明其生长、发育及变化规律，进而依据这些规律做出科学决策，实施精准把控。

农业物联网的作用对象大多是具有生命的生物体，需要感知和监测的生命体信息涵盖了从作物生长信息(如水分含量、苗情长势)到动物的生命信息(如生理参数、营养状态)等。这些信息与周围环境相互作用，随时随地发生变化。如果要将这些实时变化的数据记录下来，其数据量将是海量的。要掌握农业生命体生长、发育、活动的规律，并且在此基础上实现其各类环境的智能控制，必须在采集到的大量实时数据的基础上，构建复杂的数学模型或组织模型，进行动态分析与模拟，揭示生命体与周围环境因素之间的相互作用机理，并将之用于农业环境的控制和改善，提高农业生产效率。

因此，农业物联网所面对的是一个复杂多变且充满生命力的世界，其与作用对象所处的环境密切相关，这决定了农业物联网系统的规模庞大和结构复杂。与此同时，由于农业物联网应用体系丰富多样，环境变化复杂难测，控制任务也存在诸多不确定性，这就表明，农业物联网不可盲目套用工业物联网的发展模式。相反，它必须紧密贴合农业农村的实际需求与特点，摸索出契合自身发展的独特路径。

3. 发展农业物联网是实现农业现代化的必然选择

在农业现代化进程中，农业正逐步借助现代工业、现代科学技术和现代经济管理方法实现转型升级。通过贯彻现代化发展理念，农业正从传统的低效率模式向具有当代世界先进生产力水平的生态农业转变。物联网与农业深度交融催生出农业物联网，它促使传统农业生产模式朝着以信息与软件为核心的智能化生产模式转变，为农业生产力的发展注入强大动力。农业物联网技术的推广和普及，不仅将加速传统农业的改造升级，还将为农业生产者带来显著的经济效益。

农业物联网有利于提升农业生产工具的精细化、自动化，助推农业生产方式智能化。在传统农业中，获取农田信息的方式非常有限，农田作业主要以人力下田劳作为主。在现代农业中，借助具有感知和控制功能的物联网智能装备系统，农业物联网可以实现各种生产管理的精准化、智能化，可大大降低人力成本、提升生产效率。当前，自动插秧机、播种机、收割机、变量施肥机、激光平地机、喷药无人机、规模养殖场自动饲喂设备等已经得到了不同程度的应用，在促进我国农业转型升级过程中正在发挥重要作用。

农业物联网有利于大型农业机械装备发挥效能，促进农业生产管理规模化。传统农业生产是相互独立的、分散的、割裂的一家一户模式，小农经济的意识与行为占据主导地位。物联网凭借自身独特的技术优势、经济特性及社会网络属性，正引领传统农业在产业布局与管理手段等方面，朝着规模化的方向转变。以农业物联网技术为核心的农业信息技术应运而生，为加快农业产业化进程，提供了稳固的技术后盾。在我国迈向现代化农业的道路上，标准化、机械化、专业化与规模化是必然方向。

二、物联网技术应用于农业的成效

物联网作为“互联网 +”现代农业的重要构成，是新一代信息技术深度集成与综合运用的成果。它具备极强的渗透能力、突出的带动效应及可观的综合效益，于农业领域呈现出极为广阔的应用前景。大力发展农业物联网，能够有力推动农业生产朝着精细化、网络化及智能化的方向迈进。这对于提升农业生产经营的信息化水平、增强农业管理和公共服务能力、促进农业科技创新及其推广应用，以及推动农业结构调整和转型升级具有重要意义。①

在农业生产领域，农业物联网通过整合多种先进技术，构建了一个覆盖生产全流程的智能化管理平台。该平台以先进的传感器技术为基础，结合通信传输、云计算和自动化控制手段，搭建了包括监测预警、网络传输、智能控制及综合管理软件在内的系统架构。它的功能涉及环境监测、育秧、种植、灌溉、土壤施肥管理、农机调度、仓储及物流等一系列环节，达成了农业生产活动全方位的物联网化。该系统不光适用于混合农业、生态农业、循环农业及立体农业等多种经营方式，还极大地强化了对农业生产的统一管理能力，

① 马晓娟，李学国．互联网+现代农业［M］．天津：天津科学技术出版社，2020.

提高了物联网应用的整体效率，从而提升了农业生产的综合效益。综合起来，农业物联网在精准监测和智能控制方面具有巨大潜力。

(一)精准监测

1. 环境信息精准监测

农业物联网系统为农业生产提供了高效的技术支持，能够实时获取农业现场的气象、环境数据及图像和视频信息，并通过远程传输实现数据共享。借助这一系统，用户可以随时随地进行远程监控与管理，从而显著提升农业环境监测的效率和数据的实时性。生产者能够及时了解农作物、园艺作物、蔬菜和果树的生长状况及灾害情况，并据此进行快速诊断和预警。

在温室(大棚)的管理工作里，远程监控系统借助传感器，能够实时采集诸如空气湿度、温度、二氧化碳浓度、光照强度及土壤水分等重要的环境参数。如此一来，农户只要通过手机或者计算机登录该系统，就能远程操控温室内水阀、排风机及卷帘机等设备的开启与关闭。此外，系统还支持预设自动化控制程序，根据环境变化自动调节大棚内的机电设备运行状态。这种智能化的管理模式极大地提高了农业生产的现代化水平和管理效率。

2. 作物长势长相精准监测

农业物联网在长势长相监测方面广泛应用，并且发挥了重要作用。通过农业环境远程监控系统、图像视频系统及升降式摄像系统，对作物生长相关的数据(包括基本气象要素数据、图像数据、人工测量的作物生理数据等)进行采集、发送、存储管理，并建设基于网络的物联网数据中心管理系统平台、智能终端服务系统等，方便用户对数据的访问、查看、分析，从而指导农业生产。

3. 全产业链周期监测溯源

物联网技术在农产品全产业链周期的监测与溯源中扮演了关键角色。借助农产品质量溯源系统，实现了从生产到流通环节的全面信息管理，并对农产品质量进行精准追溯。此系统将农产品生产档案管理纳入其中，涵盖产地环境、生产流程、质量检测等核心信息，而且还拥有条形码标签设计与打印的功能。除此之外，凭借网站及手机短信平台，消费者能够轻松、快速地查询农产品质量安全信息。这项技术的运用，切实提高了农产品质量监管的效率，推动了市场朝着透明化、健康化的方向发展。

如今，物联网在农产品种植、采收、加工到配送全产业链中都已有了应用。只需用手机扫描蔬菜的二维码，我们即可对其产地、生产者、生产投入的使用情况、检测情况进行溯源。同时，农产品生长环境的湿度与温度、施肥与病虫害预警信息、采摘及运输信息等也都能通过二维码了解得一清二楚。此外，RFID 和二维码技术通过对农产品生产、流通、销售过程的全程信息监测，可实现农产品生产、流通、消费整个流程的跟踪与溯源，为农产品的质量安全保驾护航。

4. 病虫害信息自动化监测

在农业生产中，病虫害监测物联网系统通过一系列智能化技术手段，实现了对农业生产中生物和环境信息的精准掌握。该系统具备虫情信息的自动采集功能，能够实时监测害虫的动态；同时，孢子信息的自动捕捉与培养功能可有效监测病害的传播风险。此外，系统还涵盖了小气候信息的采集及生态系统的远程实时监测，为农业生产提供了全面的数据支持。通过这些技术的集成应用，病虫害监测物联网系统实现了测控过程的低碳化、智能化和集约化，充分挖掘并利用了环境资源的优势，最大程度地提高了农业生产中的病虫害防控效率和资源利用效益。

(二)智能控制

1. 温室环境智能控制

农业物联网的自动控制系统能够在无须人工直接干预的条件下，依据既定规则或预设程序自主完成生产流程的运行。该系统的智能控制功能主要通过控制柜、电磁阀、农业设施专用电机、控制线路及灌溉管网的协同作业来实现。通过生产区域信息采集及生产需要，我们可将灌溉、生产、施肥、通风、控温控湿等设备的功能集成到物联网系统中，实现大田及温室内相应设备的智能控制。在农业物联网系统中，自动控制模块最终简化了劳动程序，节省了人力成本，并严格按照生产需求进行环境调控，实现生产的智能化、精准化与规模化。

2. 水肥措施精准控制

作物生长最佳的灌溉方式为“少量多次”灌溉，然而由于人工操作田间大量的阀门很难做到高频次的精准灌溉，普通的自动化灌溉系统成本高、维护难度大、不适合在野外大规模推广应用。在水肥管理物联网系统中，各水肥传感器节点按照预设时间间隔采集数据，并借助低功耗自组网的短程无线通信技术完成数据传输。这些数据最终汇聚至中心节点，再通过无线网关接入互联网。用户可通过手机或远程计算机实时获取生产区域的水肥情况。系统中的专家模块会依据环境参数评估作物生长状态。经过数据汇总与分析，一旦检测到参数异常，智能控制器将依据反馈信息自动执行灌溉、降温或液体肥料施肥等操作。

3. 农业机械作业综合管理

面向农机管理机构、农机服务组织和农民的实际需求，农机作业综合管理物联网集成应用地理信息系统、遥感(Remote Sensing，RS)、移动互联网、传感器等技术，进行农机作业一体化服务和远程化管理，实现对农民、农机服务组织、农机管理机构的农机作业订单管理、农机作业任务调度、作业监管、作业分析、应急管理等全流程管理。

三、基于物联网技术的智能温室管理系统

智能温室管理系统依托物联网技术，实现了对温室内部环境参数的实时监测与远程调控。系统可精准采集空气温湿度、土壤温湿度、二氧化碳浓度、光照强度等数据，并结合视频监控图像，通过智能算法分析，自动或远程控制湿帘风机、喷灌滴灌、遮阳系统、通风装置及补光设备等，确保温室环境始终处于作物生长的最佳状态，为作物高产、优质、安全、生态化生产提供保障。同时，系统可通过移动终端(如智能手机、平板电脑)和计算机向种植者推送实时监测数据、环境预警信息和农业技术指导，实现温室的智能化、集约化远程管理。

随着设施农业的快速发展，温室大棚种植在提升农产品供给质量方面发挥了重要作用。但需注意，温度、湿度、光照、土壤水分及二氧化碳浓度等环境因素，对作物生长有着极为关键的影响。在这种情况下，传统依靠人力进行调控的方式，很难达到精准化种植所需要的标准。当下，在国内，能够达成多种环境因子自动监测与控制的系统，还没有广泛推广开来。要是引入国外大型连栋温室的控制系统，成本又实在太高，并不契合我国农业生产的实际状况与需求。

针对温室大棚智能化发展趋势，本书提出了一种远程监控系统设计方案。该系统充分考虑温室管理的特殊性，实现了环境参数实时上传、控制指令及时下达的功能，同时支持上级管理部门通过互联网或移动终端获取区域温室运行状态信息。基于 490MHz 频段和 GPRS 通信技术的智能温室管理系统，为实现上述功能提供了可靠的技术支撑。

智能温室大棚系统俗称智能温室，这种温室大棚造价较高，结构先进且复杂，具备很好的农业工厂化和流水线作业设计基础，适合休闲农业、无土栽培、花卉栽培、蔬菜大棚等使用。

(一)智能温室大棚系统

“智能温室大棚系统”一般指智能温室，其主体结构以为荷兰文洛式温室(双坡面、人字脊)为主，覆盖玻璃或者 PC 板保温，配备丰富的比如遮阳系统、降温系统、强制通风系统、自然通风系统、加温系统、补光系统、智控系统、喷灌系统、苗床系统等各种先进设施设备，极大提高了生产管理效率，尤其是物联网智能控制系统的加入，提高了智能温室管理效率，降低了温室大棚管理的技术难度和门槛。

需要指出的是，一个“智能温室”如若没有增加物联网智能控制系统，严格来讲其只是一种具备“智能温室”结构的普通温室。

(二)智能温室大棚系统适用范围

第一，农业、园艺、畜牧业等领域。

第二，食品、电子生产车间、药房、冰箱、冷库、库房、机房、实验室、工业暖通、图书馆、档案室、博物馆、孵房、温室大棚、烟草、粮库、医院等需要环境监测的领域。

(三)智能温室管理系统的核心构成

智能温室管理系统融合了传感器、自动化控制、通信及计算等多方面技术。使用者能够自行设定作物生长所需的最优环境参数，在此基础上搭建起智能化的软硬件平台，从而自动监测并调控温室内的温度、湿度、光照强度及二氧化碳浓度等环境因素。①

这套系统拥有模拟多种生态环境要素的能力，像温度、湿度、光照及二氧化碳浓度等都不在话下，目的是契合各类生物的生长需要。它的关键部分是智能监控单元，这个单元能依据提前设定好的参数，精准测定温室里的气候状况和土壤条件，而且可以通过手动操作或者自动模式，来管控执行设备，比如灌溉系统、湿帘水泵、风机还有通风装置等的运转情况。所有控制程序所需的数据均由各类传感器实时采集。

智能温室管理系统的应用为植物生长创造了理想环境，同时显著降低了人工劳动强度，提高了设备使用效率，优化了温室气候条件，减少了病虫害发生，最终提升了作物产量和品质。

(四)整个系统主要组成

数据管理层、数据传输层、数据采集层。

1. 数据管理层(监控中心)

硬件主要包括工作站计算机、服务器(电信、移动或者联通固定IP专线或动态ip域名方式)。

软件主要包括操作系统软件、数据中心软件、数据库软件、温室大棚智能监控系统软件平台(采用B/S结构，可以支持在广域网进行浏览查看)、防火墙软件。

2. 数据传输层(数据通信网络)

采用移动公司的GPRS网络或者490MHz传输数据，系统无须布线，构建简单、快捷、稳定；移动GPRS无线组网模式具有数据传输速率高、信号覆盖范围广、实时性强、安全性高、运行成本低、维护成本低等特点。

---

① 马丽婷．智慧农业科技支撑农业农村高质量发展[M]．兰州：甘肃科学技术出版社，2022.

3. 数据采集层(温室硬件设备)

远程监控设备：远程监控终端。

传感器和控制设备：温湿度传感器、二氧化碳传感器、光照传感器、土壤湿度传感器、喷灌电磁阀、风机、遮阳幕等。

(五)智能温室大棚系统功能

1. 数据监测功能

第一，监测各温室温湿度、二氧化碳、光照等参数。

第二，监测各温室喷灌电磁阀、风机、遮阳幕工作状态。

第三，监测各温室报警信息。

2. 远程控制功能

第一，远程控制各温室喷灌电磁阀、风机、遮阳幕的启停工作。

第二，远程切换各温室喷灌电磁阀、风机、遮阳幕的控制模式。

3. 报警功能

第一，温室温湿度、二氧化碳、光照超过预设值的告警。

第二，市里停电、开箱告警。

4. 数据存储

第一，定时存储各种监测数据。

第二，记录事件报警信息及当时监测数据。

第三，记录各种操作信息及当时监测数据。

5. 信息查询

第一，可以进行所有监测信息查询。

第二，可以进行所有事件报警信息查询。

第三，可以进行所有操作信息查询。

6. 数据报表

将监测数据、报警数据生成报表，数据可以导出，支持打印输出。

7. 人机界面

所有温室实时监测数据在同一界面上显示，可以同屏显示多个温室数据，也可切换成单个温室数据显示。

8. 曲线数据

第一，自动生成各温室的温湿度、二氧化碳、光照的历史曲线，可以查看历史数据库中任意温室、任意时段的历史曲线。

第二，历史曲线既可分列显示，也可以并列显示，方便比较不同温室环境状态。

9. 权限管理

对不同的操作使用者授予不同的使用权限。

10. 扩展

第一，可以任意增加、减少所监控的温室。

第二，可以增加、修改、删除软件功能模块。

第三，预留与其他系统的通信接口。

(六)智能温室大棚系统特点

1. 实用性

温室地理位置分散，因此采用覆盖广泛的 GPRS 网络高信号捕捉，必要时采用高增益天线，可确保网络的正常运行。

2. 实时性

借助前沿的通信及软硬件技术，构建了一套清晰且高效的系统架构，能够支持多线程的远程并发通信。在数秒内，该系统可将成百上千台监控终端的数据实时传输至监控中心，实现集中监测与远程调度，并确保故障信息能够及时发出警报。

3. 可扩充性

该系统设计了预留接口，支持系统或软硬件模块的灵活扩展，为长期升级和维护提供了便利，有效延长了系统的使用寿命。通过适时更新关键部件，系统能够持续运行，避免整体瘫痪而导致的巨额投资浪费。

4. 易维护性

系统具备对监控终端进行多样化远程操作的能力，涵盖远程参数配置、远程操控、远程数据采集、终端复位及软件升级等功能。

5. 操作简易性

系统软件功能完善，模块化、图形化设计，全过程全中文帮助，操作简单方便。

第三节　智慧农业中的无人作业系统及应用

一、农机自动导航与智能驾驶系统

农机自动导航技术是智慧农业生产环节中不可或缺的关键要素，也是未来农业机械化发展的核心趋势。随着物联网、大数据、人工智能、机器人技术及5G通信等新兴信息技术与农机农艺的深度融合，农机自动导航与智能驾驶系统正朝着高精度、高效率和高安全性的方向发展。此类系统通过精准控制农业机械沿优化路径作业，有效减少作业区域的重复和遗漏，从而提升农业机械的作业效率与质量，降低操作人员的劳动强度，实现生产资料的高效利用和能耗的降低，为农业生产的可持续发展、无人化农场的构建及绿色农业的推进提供了有力支持。

（一）农机自动导航与智能驾驶技术体系

现代农机自动导航系统通常由四个核心部分构成：检测模块、控制模块、执行模块及监控模块。其关键技术涵盖定位信息获取、环境感知、路径规划及导航控制等方面。

1. 关键共性技术

位置信息的准确、可以靠获取是实现农机作业路径规划和运动控制的首要条件；内外部环境信息的实时、稳定获取是实现安全、优化的路径规划和运动控制的必要条件；同时，快速、精确的导航控制能够支持自动导航农机实现对导航路径的准确跟踪。随着农机作业能力的提升，农机作业范围及作业环境呈现更加多样、复杂的趋势，对自动导航农机系统的安全作业性能及作业效能提出了更高要求：农机自动导航与智能驾驶系统技术体系与关键共性技术框架包括：

第一，环境感知与定位，包括车辆内部与外部环境感知与建模。

第二，路径规划，包括全局路径规划和局部路径规划。

第三，车辆导航控制，包括单机路径跟踪控制与多机协调控制及机具轨迹控制。

2. 技术研究热点

围绕农机自动导航系统作业安全性能，一方面在现有农机自动导航框架的基础之上，综合利用传感器、机器学习等技术对地头边界特性、障碍物种类和危险程度进行更准确的分类识别，合理规划作业及避障路线与控制车辆自主行进速度，以保障人机作业安全；另一方面参照国际自动机工程师学会制定的汽车自动驾驶能力分级，合理制定自动导航农机的自动驾驶能力等级体系，对于明确安全责任主体、安全作业规范具有重要意义。[①] 结合我国国情制定合理的农机等级分类标准，将促进我国农机自动导航及智能驾驶系统从技术到法规的进一步发展与完善。

多机协同作业时，想要提高作业效率，重点在于做到信息互通有无、优化调度安排及实现协调管控。要合理规划多机协同作业任务，就得在多台农机和多个作业地块间建立起恰当的对应关系。这一环节得全面考虑任务量、农机作业能力、行驶路径成本、时间限制等诸多因素，在符合实际作业限制条件的前提下，制订出最佳的任务调度计划。如此一来，每台农机都能有条不紊地在农田地块开展作业，不仅能降低整个系统的运行成本，还能提升作业效率，达成区域内多机协同作业的高效调度与管理目标。按协同的方式可以分为有人驾驶农机与自动导航农机协同、自动导航农机间的协同及自动导航农机与无人机间的协同等多种协同作业方式。多机协同作业将有效提升作业效率、作业效果及优化资源配置。

(二)环境感知与定位技术

农机自动导航环境感知与定位技术作为农机自动导航控制系统的重要组成部分，主要通过多种类型的传感设备采集农机内部姿态、位置与外界环境信息，使作业车辆与机具获得实时位姿与环境信息并作出正确决策。机具内部姿态信息包括横滚角、俯仰角和偏航角、方向轮的转角及行进速度等信息，获取技术与传感设备已经相对成熟。结合内部姿态信息获取更加稳定的绝对与相对位置感知系统及环境模型构建是当前的主要研究方向。

1. 路径规划决策技术

自动导航农机全自动作业过程可总体划分为三个部分，即田内正常作业时的自动导航行走、地头自动导航转弯、遇障时的自主导航避障。对于不存在障碍物的地块，以全覆盖法为代表的路径规划方法已经发展得较为成熟，并结合不同的地头特性和农机参数特性发展出了半圆形、梨形、鱼尾形等多种转弯模式。国家农业信息化工程技术研究中心研究的路径优化方法能实现转弯次数、作业消耗、路径长度等多种优化指标的最优全局路径规划。

2. 协同作业控制技术

多台同类型或不同类型作业机械的集群联合作业模式是一种高效的作业方式，其在国外的研究起步较早。例如，日本筑波大学开发了一种基于机器视觉的跟随车辆导航系统；

① 范纯增．技术、制度与低碳农业发展[M]．上海：上海财经大学出版社，2021.

日本北海道大学则研究了一种主从式自动驾驶系统，其中手动驾驶的拖拉机跟随自动驾驶拖拉机，并探讨了多机器人系统在日本水稻、小麦和大豆种植中的应用。在国内，中国农业大学以蚁群算法为依托，针对多机协同作业任务规划展开深入研究，并搭建起与之匹配的任务分配模型。而中国科学院则提出一种基于领航-跟随架构的收获机械集群协同导航控制办法。此办法先构建收获机群运动学模型，之后融合反馈线性化理论与滑模控制理论，精心设计出具备渐近稳定性的路径跟踪控制律及队形保持控制律。目前，国内外研究主要侧重于地面作业机械间的协同跟踪导航控制，未来地面多车辆多任务协同控制、空中-地面作业机械间的信息共享与协同作业是一个重要方向。北京智能农业技术装备研究中心开发的果园自动导航植保作业车辆可与无人植保机协同完成果园植保作业，实现空-地优势互补，从而提升了作业效能。

3. 未来技术发展建议

(1)多传感器融合导航技术

研究包括 GNSS、INS、DR 及激光、视觉在内的多传感器融合技术，提高位姿测量、障碍物探测及环境建模的准确性与可靠性。尤其在果园等单一传感器功能受限的环境下，综合考虑基于激光与视觉的同时定位与地图构建技术，研究该类技术在农业环境中的难点问题，提高车辆环境适应性。

(2)地头特性识别与智能转向技术

农田及果园地头作为必然存在的作业环境形式，结合作业地块形状特性及地头地貌特性，研究转向路径与转向方式整体优化决策。开展地头特性的实时识别分类方法研究，同时将路径规划的地头转向控制目标由牵引车辆扩展到后挂机具，提升地头作业时的转向效率、作业覆盖度和转向安全性。

(3)同构或异构农机协同导航技术

研究集中、分散控制及同构、异构农机间的协同导航方法，研究作业车辆间的稳定通信方法，构建基于农业物联网技术的导航作业远程监控平台。建立多机/多类作业机械的远程管理和任务调度机制，研究不同作业类型下不同农机类型间的共享信息类型与集群控制策略，提高了作业效率。

二、基于目标识别的无人植保系统

(一)基于目标识别的无人植保系统应用背景

我国农业在科技应用和机械化水平方面仍有待提升，同时，农药和化肥的过量使用对环境造成了显著的负面影响，这与可持续发展的理念背道而驰。为了扭转我国农业植保施药技术相对滞后的现状，并推动植保机械作业向精准化和自动化方向发展，国家发展和改革委员会、中华人民共和国科学技术部、中华人民共和国国家自然科学基金委员会及中华人民共和国农业农村部等多个部门联合资助了一系列精准施药技术与装备的研发项目。目前，在我国运用较多的无人植保系统多由地面行走作业车辆、机器人与空中作业无人飞行器构成。地面行走作业车辆、机器人多用于果园农药喷洒、播种、收割、地块平整和农田农药、肥料喷施；空中作业无人飞行器基于智能多区域作业路径规划技术，携带药剂进行有害生物防治作业。在上述无人植保设备的作业过程中，对待作业区域目标进行探测、感知和定位是无人植保设备精准开展作业的关键，同时也是农业智慧化的体现。我国当前在果园精准目标识别对靶、农林杂草与疫木目标识别及作物病害目标探测识别这三个关键领域，开展了大量的研究工作，并取得了一系列应用方法和技术成果。

(二)基于目标识别的无人植保系统发展现状

1. 果园精准目标识别对靶

果园精准目标识别对靶本质在于探测和识别感兴趣对象，如冠层、果实等目标，从而完成对靶标对靶。对靶喷药技术的核心是获取靶标信息，实现按需施药和采摘作业，提高作业质量和精度。自动对靶技术发展较早，具体可分为果树冠层探测、果树三维信息获取、果树冠层体积测量和病害目标探测；在上述目标识别中，多搭载可见光、红外、激光和多目深度信息等传感器，融合识别算法如图像分类算法、点云距离测算等对作业目标进行探测感知。

总体而言，当前图像、激光和超声波技术均有运用于对靶的研究，但是由于激光点云具有天然优势，故在果园自动对靶上被广泛运用。与此同时，由于机器学习、深度学习技术的发展，使用图像信息获取点云信息，从而构建冠层信息的研究技术成为当下研究热点。

2. 农林杂草和疫木目标识别

农林有害目标对作物和林木的生长危害极大，必须人为地进行植保干预控制，以保证产出收益。农林有害目标的识别是无人植保系统开展精准植保作业的前提条件之一。开展农林有害目标的识别不仅能够降低植保成本，而且在一定程度对生态环境的保护具有重要意义，有利于实现科学、可持续发展。现阶段，农林有害目标识别的对象主要包含有害植被、染病林木等，如杂草和松材线虫病。针对上述有害目标的识别，主要有人工实地调查、地面测报设备、基于图像信息获取的识别技术。基于图像技术的有害目标识别主要依靠图像的颜色、纹理、形态信息对感兴趣的特征目标进行识别，在识别技术上有传统的分类算法(贝叶斯、最大似然、最近邻、支持向量机)和基于神经网络的深度学习方法。由于图像信息获取技术能够获取空间分布连续的目标信息，具有高精度、高效率和低成本的优势，因此在生产实践中被广泛运用。

精准识别田间杂草是无人植保技术发展的重要趋势之一。在信息技术和图像获取技术不断进步的推动下，杂草防治正朝着智能化方向迈进，而自动除草系统的研发已成为当前的研究焦点。传统杂草识别方式效率低，往往人工田间开展识别，不能满足区域自动化精准作业需求。另外，初期的基于图像分类技术(如使用支持向量机、随机森林、最近邻等统计学分类算法)在特征选择上具有随意性，识别精度不高，且特征受选择样本影响较大。随着深度学习图像处理技术的出现和推广，杂草识别领域多使用深度学习技术开展相关研究。

3. 作物病害目标探测

在作物的生长发育阶段，由于病原体的侵染或不利环境因素的影响，其生理机能和外观形态容易出现异常变化，从而引发病害。这些病害会对作物的产量和品质造成显著的负面影响。对作物病害进行探测识别，提取病害位置点、进行靶向施药是当前研究的热点。与果园目标对靶和杂草与有害林木识别相比，病害往往发生于小区域，病害种类多且情况各异，数据的收集与观测难度大，单一基于图像纹理信息难以获取病害目标信息。为此，当前的作物病害目标识别不仅仅使用图像识别信息，同时也使用光谱信息开展病害目标识别研究，而在使用方法上也逐渐由传统分类方法向深度学习算法转移。

总体上，传统的基于图像特征(颜色、纹理、形态、光谱)的分类(贝叶斯、最大似然、最近邻、支持向量机)方法在分类和识别精度上弱于深度神经网络模型，为此，当前研究逐步转移至基于深度网络模型算法开展目标识别，并且已有少量工作针对轻量网络进行实时病害目标识别研究。

三、农用无人机自主作业系统

(一)农用无人机自主作业应用背景

农用植保无人机综合运用导航、控制、通信、探测、低容量喷雾技术，可以有效减少农药用量，同时解决林地、丘陵、田块、地面机具难以进入的难题，符合现代农业发展趋势和国家“加快实现农业机械化”的发展战略。进入 21 世纪 20 年代，随着无人机植保大规模作业数据的积累和机器学习技术在算力、算法领域的飞速进步，人工智能技术正被全面引入无人机植保作业领域，把原有面向飞行和喷洒过程的施药作业模式提升为面向作业对象和防治效果的自主智能作业模式。①

① 赵春江．智能农业 2020[M]．北京：中国科学技术出版社，2021.

(二)农业无人机自主植保作业领域的发展现状

1. 智能作业任务规划技术

植保无人机作业规划是作业前期准备的主要工作，主要包括作业区域划定和航线规划两部分内容。近年来，无人机遥感测绘技术被引入植保作业区域划定——在作业前使用遥感测绘无人机对作业区域进行测绘成图，形成了作业区域二维或三维地图，以此作为作业区域划定的地理信息依据。极飞科技有限公司于21世纪初发布了专用于植保作业区域测绘的“极侠”无人机系统，具备厘米级精度的全自主飞行能力，借助于手机移动端操作，可灵活、快速地开展作业区域的测绘作业，获取高精度的三维地图，每小时测绘面积高达300亩。

与此同时，作业区域划定技术的变革又推动和促进了作业路径规划技术的变革。当前，国内农业无人机的作业路径规划主要聚焦于两个关键领域：一是单一区域内的多架次作业规划；二是多个非连通区域的作业调度。为了更好地应用计算智能算法进行路径规划，栅格法被广泛采用以构建作业环境的描述模型，通过将平面坐标点阵与大地坐标系进行映射关联，实现对作业区域的精确建模。在此基础上，以往返飞行总距离、多余覆盖率、电池更换及药剂装填等非植保作业能耗最小化为目标函数，结合差分进化、量子退火、引力搜索等智能优化算法，我们能够有效实现对返航点数量与位置的优化选择。

2. 机器学习主导的环境感知

随着植保无人机应用规模的扩展，其需要面对的作业环境与条件更为复杂，同时植保无人机自主作业程度的提高也对其环境感知能力提出了新的要求。目前，国内应用的植保无人机普遍配备有微波雷达和机载摄像头，具有初步的环境障碍物探测和仿地作业能力。以大疆T20等新型植保无人机为例，其配备了全向数字雷达系统，能够对水平方向的障碍物进行全面识别，且不受环境光线和尘土干扰。近年来，机器学习的图像处理技术取得了飞速进步，其中，YOLOv3作为深度学习目标检测模型受到了广泛关注。YOLOv3通过在不同尺度上提取特征，筛选出感兴趣区域，并借助YOLO层实现多尺度特征的融合，从而能够精准地预测障碍物的位置和类别。

为了提升植保无人机在线图像目标检测的实时性，国内研究人员探索了基于GPU加速的障碍物结构光图像处理技术。通过优化半导体激光器与CCD传感器之间的特殊光路设计，使激光器发射的线结构光在障碍物表面反射后成像于CCD靶面。通过参数计算，我们最终能够获取障碍物的距离、宽度及方位角等信息。双目视觉技术和CCN卷积神经网络技术结合后也被应用于植保无人机障碍物探测领域，如基于Canny算子的边缘信息加强的特征匹配算法和卷积神经网络算法均能解决障碍物识别问题且模型具有一定的泛化能力。在机器视觉之外，毫米波雷达探测技术的优化也取得了显著进展。这种新方法巧妙借助毫米波雷达检测障碍物时的独特特性，即回波中心会随着障碍物尺寸改变而变化。基于此，研究人员在嵌入式系统中顺利完成了多种检测算法的开发。这些算法涵盖前方距离检测算法，用于精准测量前方物体距离；侧方距离检测算法，能有效感知侧方障碍物距离；障碍物宽度检测算法，可准确计算出障碍物的宽度；还有障碍物危险程度排序算法，能够根据不同情况对障碍物危险程度进行科学排序。伴随基于机器学习的智能图像处理和雷达深度信息解析算法的发展，新体制的光电探测设备层出不穷，为植保无人机自主作业提供了新的环境感知技术手段。

3. 精准作业控制

植保无人机在执行作业时，通常飞行于作物上方 1.5 至 3 米的低空区域。为了确保无人机的安全运行及农药喷洒的均匀性，维持稳定的相对飞行高度是至关重要的。随着精准仿地飞行控制、多传感器融合的组合导航技术、变量喷洒控制技术的全面进步，原有的单纯以飞行控制为主的作业模式已经转变为面向对靶作业的控制模式。如今，在山地果园里，植保无人机施药变得越来越常见。飞行控制单元由 GNSS 移动站、RGB 相机等构成，如今它集成了果树识别定位算法及高性能 AI 计算单元。通过对作业区域中心线进行拟合，就能得到果树行趋势线，进而算出偏航角误差，如此便能精准把控无人机的作业航迹。为了让轨迹跟踪控制更稳定，基于无人机非线性模型的反步轨迹跟踪控制方式，也被运用到植保无人机上。利用反步法解算出力和力矩的控制量，再分回路进行精确控制。为进一步提升轨迹跟踪效率，研究人员开发了新型弯道姿态控制算法。当多旋翼植保无人机转弯时，飞行控制器会根据无人机的实时位置及前进速度的改变，自动调节偏航角速度，让无人机在维持速度不变的前提下，沿着动态重新规划的曲线航线完成转弯操作。同时，无人机依靠前置毫米波雷达来检测坡度。在坡度变化较小时，它会把差分 GPS 所测高度和对地毫米波雷达测量的高度数据，运用卡尔曼滤波的方法进行融合，以此提高高度测量的准确性；要是坡度变化超过了预先设定的阈值，便会把前置毫米波雷达与对地毫米波雷达的高度数据进行多源信息融合，从而加快系统的响应速度。机器人操作系统（Robot Operating System，ROS）作为一种通用的无人操作系统，近年来受到人们的关注，其资源丰富、系统扩展性强，适合进行多任务处理。

4. 大数据植保作业数据管控

无人机植保作业的质量控制对提升作业效果至关重要。通过整合机载北斗定位系统的实时观测数据和地面风速传感器的监测信息，构建空地一体化数据采集系统，并建立状态预测模型和算法，可实时获取飞行参数和地面风场分布数据。为优化数据传输效率，研究人员开发了基于网络控制平台的通信模型，根据功能需求设计了软件模块和硬件架构，从硬件配置和通信协议层面优化系统性能，提高数据接收灵敏度，降低数据丢包率，实现飞行位置、姿态、系统状态和喷洒参数等数据的实时解析与传输。在上述技术支撑下，无人机作业监管系统已进入大规模应用阶段。该系统采用“机载终端+云端服务器”的模式，通过在无人机上安装作业状态传感器和移动通信模块，将采集的飞行高度、喷洒流量和飞行速度等数据通过公共网络传输至云端服务器。利用智能数据分析方法，可统计作业面积、评估作业质量，并获取区域作业总量、病虫害类型、防治效果和药剂用量等宏观信息，为精准农业管理提供数据支持。

四、畜禽养殖机器人

(一)挤奶机器人

机器人挤奶系统主要由中央控制系统、挤奶机械臂及相关辅助设备组成。中央控制系统内置奶牛群体数据库，并通过通信接口与挤奶机械臂、辅助设备、个体识别装置和通道控制系统实现数据交互与协同控制。挤奶机械臂通常配备视觉识别摄像头、多自由度机械臂和夹持装置等核心组件；挤奶单元通过专用管道连接至储奶罐，每组包含四个挤奶杯，并集成流量传感器以精确记录每头奶牛各乳区的产奶量和挤奶时长。系统还配备自动清洗装置、精准饲喂系统和动物安抚装置等辅助设备。通道控制系统由微处理器和气动/液压控制阀组成，实现奶牛的进出管理。部分先进系统还集成了乳质监测和奶牛健康检测功能，确保奶源质量和动物健康。

根据作业模式的不同，机器人挤奶系统主要分为单体机器人挤奶系统和转台式机器人挤奶系统两种类型。

由于奶牛比较多，会有专门的等待区域供未挤奶的奶牛等待。在奶牛挤奶厅通道通常安装奶牛身份识别装置，当奶牛通过时，识别奶牛的身份并传输到核心控制器，核心控制器会调用该奶牛的个体信息(如ID、胎次、泌乳时间、最近产奶量、采食量、身体健康特征等)，根据响应条件机动判断在符合挤奶要求的情况下打开入口门让奶牛进入。

清洗装置会对奶牛的乳房进行清洗和消毒处理。随后，自动挤奶机器人利用其视觉摄像头获取奶牛乳房的三维位置信息，并将这些信息传输至核心控制计算机。核心控制计算机接收到信息后，通过调节机械臂和钳手的动作，将挤奶杯精准安装到奶牛的乳头上，开始挤奶过程。挤出的牛奶通过管道直接流入冷藏储存罐中。

在挤奶过程中，核心计算机根据奶牛的个体信息，通过自动喂料系统为奶牛提供饲料，以缓解奶牛的紧张情绪，减少挤奶操作对奶牛造成的不良刺激。

此外，在挤奶管道上安装有流量计。当挤出的奶量及其流速低于预设的特定值时，挤奶杯会自动脱落，标志着挤奶过程的结束。电子流量计采集的时间信息和挤奶量将被传输到核心控制器，挤奶完成时即向清洗装置发出指令，对奶牛乳房进行消毒；与此同时，核心控制器向出口控制系统发送开门指令，引导奶牛离开，至此完成整个挤奶流程。

挤奶机器人系统借助身份识别系统和健康监测系统，能够识别出存在健康问题的奶牛。例如，若奶牛的挤奶间隔时间异常延长，可能是因为腿部疼痛或肿胀导致其不愿意配合挤奶。核心控制器通过响应算法，对比奶牛的实际产奶量与预期产奶量，从而判断该奶牛的挤奶间隔是否正常。同时加入电导率传感器监测乳房各个乳头产奶的电导性，作为其是否患有乳房炎的辅助判断手段。

挤奶机器人系统通常配备有精准的牛奶品质检测和奶牛健康监测系统，并且拥有高度集成化的信息管理平台。其产品设计要求如下：

第一，精准的牛奶品质与奶牛健康监测系统。挤奶机器人的机械手臂通常会安装有牛奶品质和奶牛健康监测系统，在挤奶时，机械手臂监测奶杯里鲜乳的品质，当有不好的牛奶品质时，系统迅速做出反应不让其影响整个奶源。

第二，高度集成的信息管理平台。信息管理平台通常包含参数液晶显示、动态牛群管理、成本效益评估、智慧管理决策等。机器人挤奶系统开发的先进管理系统可以快速找到个别奶牛生理信息，并可以全面查询牛群相关信息，为挤奶整个过程提供服务。[①]

第三，奶牛挤奶特殊性要求。牛奶挤奶过程的特殊性要求机器人的结构设计更加可靠，挤奶过程高效且对奶牛乳头的处理柔和可控，此外整个清洗系统必须安全卫生。

(二)洁蛋生产线辅助机器人

欧美的一些国家很早就开始了对禽蛋类产品的清洗、消毒、分级、包装等研究，近年来日本、韩国也开展了相关研究。鸡蛋清洗的原因是为降低鸡蛋在贮藏期间新鲜度的缺失，并提高鸡蛋的货架期及食用的安全性。

如今，许多大规模的蛋鸡养殖场已经开始引入鸡蛋清洗生产线。这些养殖场将鸡蛋集中送至专门的清洗、消毒、分级和包装中心进行深加工，随后将处理后的鸡蛋销售至各类超市和市场。越来越多的机器人被应用在鸡蛋清洗生产线，以提高生产效率和解决劳动力问题。以下我们以鸡蛋清洗生产线为例，介绍机器人的应用。

鸡蛋清洗生产线的最前端鸡蛋上料部分以往采用手动上料，手工搬运鸡蛋、洗蛋比较费时费力，搬运工人不光搬运，还需要调节夹具的方向，耗时耗力；机器人自动上料系统由 10 个主要设备单元组成，涵盖单盘鸡蛋传送单元、漏检分拣单元、机器人取蛋单元、空托盘传送单元、漏检托盘回送单元、空托盘翻转单元、空盘清洁传送单元、机器人取盘

① 左停，旷宗仁．农业科技推广体系创新与乡村振兴[M]．北京：中国农业大学出版社，2019.

单元、安全防护单元及控制系统单元。

在生产线的左端，操作人员将装有鸡蛋的单盘放置于传送带上，随后传送带将鸡蛋盘输送至定位气缸所在位置；此时，系统检测到鸡蛋盘到位信号，定位气缸随即启动，将鸡蛋盘夹紧并固定；发送机器人抓取鸡蛋指令，机器人吸盘抓手使用真空负压吸盘抓取蛋盘内的鸡蛋，抓手吸附鸡蛋后，将鸡蛋准确放入现有的鸡蛋清洗线固定位置；之后，鸡蛋清洗线进入生产线的其他流程。当机器人完成对盘内鸡蛋的抓取后，空托盘被留下。为了避免机器人抓手吸盘在抓取过程中出现漏吸的情况，定位气缸会在机器人抓取完成后松开，此时鸡蛋托盘继续沿传送带向前移动。在传送过程中，通过使用对射光电传感器对托盘进行检测，我们确认是否存在漏吸的鸡蛋。

若检测没有漏吸、托盘内无蛋，当鸡蛋托盘运送到漏捡分拣气缸位置时，分拣气缸不动作，空盘继续向前传输；若检测有漏吸、托盘内有鸡蛋，当鸡蛋托盘运送到漏捡分拣气缸位置时，分拣气缸伸出，将鸡蛋托盘推到漏捡返回传送带上，传回初始位置，待人工将漏检鸡蛋取出。无漏吸的空托盘向前传送进入空托盘翻转机构，将空托盘翻转，使其正面朝下进入空盘清洗传送带，空盘清洗传送带为大间隙间隔，便于空蛋托盘内的杂物脱落，清洁后的托盘到达传送带末端后，经人工装入空盘自动架。

因为蛋托装载部分使用人力，同样存在耗时耗力的情况，清洁后的空托盘不再使用人工装入空盘自动架，改用一台机器人搬运自动装入空盘自动架。

(三)家禽加工机器人

家禽屠宰包含活禽卸载、宰杀、沥血、脱毛、掏膛、内脏及副产品加工等复杂环节，与种禽、孵化、饲养等各个方面紧密连接，每个环节均要互相交互、互相影响。

家禽自动剔骨机器人借助 3D 测量技术对鸡的内部结构进行分析，精准定位不同部位的理想切入点和切割路径。通过对骨骼和韧带内部结构的评估，机器人能够定义合理的切割操作，从而实现对鸡的高效自动剔骨。

第七章　现代农业技术推广应用

第一节　现代农业技术在种植业中的推广应用

一、现代农业技术在种植业中的重要性与推广应用

（一）现代农业技术的重要性

1. 促进种植业生产水平的提升

我国作为农业大国，众多农民仍依赖传统经验进行耕作，缺乏科学种植知识，这对现代农业的发展构成了阻碍。以病虫害防治为例，不少农户在遭遇病虫害时往往盲目施药，不仅效果有限，还可能引发环境污染，阻碍“绿色农业”进程。农业技术推广人员能够提供专业的技术指导和建议，帮助农户科学防治病虫害，从而提升种植业整体生产水平，为现代农业发展奠定基础。

2. 优化种植业结构

我国地域辽阔，农作物种植环境多样，且农业多以“家庭小规模”为主，导致农产品产量难以满足市场需求，价格波动大，影响农民收入和农业长远发展。科学普及和合理利用现代农业科技是解决这一问题的关键。相关部门需运用现代科技手段，深入分析农产品市场趋势，根据市场需求科学规划作物品种和种植面积，平衡农产品供需关系，稳定市场价格。同时，通过科学规划农业资源，构建以农产品再加工、运输等为核心的现代种植服务链条，打造种植品牌，提高农户经济效益。因此，加强农业技术推广显得尤为重要。

(二)现代农业技术的推广应用

1. 因地制宜，精准推广农业技术

针对传统农业生产模式中农民受限于传统耕种观念的问题，农业技术推广需紧密结合各地区的实际情况，推广适宜当地的农业技术。通过迅速呈现先进农业技术的显著优势，有效缩短技术推广的时间周期，确保这些技术能够真正落地生根，并与本地种植业实现深度结合，最终构建出具有地域特色的农业技术体系。这不仅能提升农村经济水平，还能通过引进新农作物品种和优化农药使用，有效降低生产成本，提高农产品产量和质量，增加农民收益。

2. 增加资金投入，打造多元化推广机制

农业技术推广是提升农业生产力和推动农业现代化的核心环节，其必须获得充足的资金保障。政府应加大财政支持力度，将资金用于技术研发、推广及普及等关键领域。在此基础上，构建以政府为引领，企业和社会各界广泛参与的多元化推广体系，以确保资金的有效利用和推广活动的高效开展。地方政府应设立专项技术推广资金，并加强与企业合作，整合资源，提供精准高效的农业技术服务。

3. 完善推广机制，强化组织协调

建立统一的农技推广领导组织，由政府部门、农业科研院所及农户代表组成，负责统筹协调农技推广工作。通过制订详细推广计划、政策和指标，确保推广行为协调一致。加强农技推广组织间的信息共享与交流，利用现代信息技术建立推广信息平台，提升推广水平。① 此外，构建科学的绩效考核与激励机制，激发农技推广人员的工作积极性。

4. 激发基层农民活力，增强技术认同感

基层农民作为农业技术推广的关键主体，我们需要加强对他们的技术知识和意识的宣传与教育。通过展示先进农业技术的实际效益，增强农民对新技术的认同感和接受度。利用多种媒体平台进行技术宣传，引导农民主动寻求专业帮助。建立地方性大数据平台，整合农业数据，为农民提供便捷、高效的服务，增强其对新技术的接受度。

5. 提升农技推广人员素质，强化专业队伍

农技推广人员的专业素质直接影响推广效果。我们需引入专业技术人才，建立专业化工作队伍，持续创新推广方式，改进工作流程。对农业技术人员开展技术评估与工作考核，并建立相应的奖惩机制，以此激励他们的工作积极性。通过定期的评比和反思活动，不断提升推广人员的专业素养，从而为农民提供更优质、更高效的技术服务。

---

① 朱春霞，李奇，张剑中．现代农业技术推广与农学研究［M］．长春：吉林科学技术出版社，2021.

6. 强化基层公益性推广服务，优化推广体系

加强基层公益性推广服务的组织建设和设施完善，是提高农业技术推广效率的核心环节。应加大资金投入，改善推广服务的环境和硬件设施。同时，创新推广方式，结合现代信息技术，提升服务质量。此外，还需加强人才队伍建设，培养和引进兼具专业知识和实践能力的复合型人才，提高推广人员的沟通和服务能力。通过持续的培训和有效的激励机制，进一步提升推广人员的工作积极性和责任感。

二、现代农业技术在农村种植业发展中的价值与策略

(一)现代农业技术在农村种植业发展中的推广价值

1. 确保粮食生产安全

借助农业技术的推广，先进的种植手段与管理模式得以广泛应用，粮食作物的产量与品质因此大幅提升，为国家的粮食安全筑牢了根基。高产优质种子的推广，使得作物在多种环境条件下保持稳定的产量，同时增强了其抗病性和适应性。推广科学施肥技术确保了养分的精准投放，既避免了资源的无谓损耗和环境的污染，又极大促进了作物生长效率的提升和产量的增加。此外，病虫害防治技术的普及，如生物防治与综合防治，有效降低了病虫害对农作物的侵害，减少了损失，确保了粮食生产的稳定。

2. 促进农民增产增收

现代农业技术的推广不仅提升了农作物的产量，还助力农民掌握了科学的种植技术与形成了管理能力，有效降低了生产成本，进而提高了农民的收入水平。高效节水灌溉技术，如滴灌和微喷灌，显著提高了水资源利用效率，使农民在干旱或半干旱地区也能有效种植，提升产量。精准施肥技术依据土壤检测和作物需求进行肥料的精准配置，有效避免了肥料浪费和对环境的污染，同时提升了作物的品质和产量。这一技术帮助农民在降低生产成本的同时实现了更高的经济收益。此外，农业技术推广提供的全方位技术服务，覆盖了从播种到收获的各个环节，包括施肥、灌溉和病虫害防治等，确保了农业生产过程的科学化管理。这不仅增强了农产品的市场竞争力，还推动了农村经济的发展，提升了农民的生活水平。①

3. 加速农业现代化进程

现代农业技术推广是推动农业现代化的关键力量。通过推广机械化、信息化和智能化农业技术，农业生产方式实现了根本性转变，效率和效益显著提升。机械化技术的广泛应

① 叶亚丽."互联网+"农业改革实践创新[M]. 北京：现代出版社，2020.

用，如现代农机具的使用，大幅降低了劳动强度，提高了劳动生产率。信息化技术的应用，如农业物联网、遥感技术和农作物管理软件，使农民能够实时监测农田状况，实现精准管理。智能化农业技术，如无人机喷洒农药、智能温室控制系统和自动化灌溉系统，不仅提高了生产效率，还改善了劳动条件，降低了劳动强度和风险。这些现代农业技术的推广和应用，促使农业生产模式从传统的经验型和粗放型向更加科学化、集约化和智能化的方向转变，显著提高了农业生产的整体效能，为农村经济的稳定增长和可持续发展提供了有力支撑。

（二）现代农业技术推广的优化策略

1. 加大农业教育培训力度

要提高农民对新技术的接纳和运用能力，核心在于强化农业教育与培训。首先，搭建健全的农业教育培训框架，统筹农业科研机构、高校等多方资源，精心设计全面且系统的培训方案，涵盖现代农业科技、作物管理、病虫害防控及节水灌溉技术等，满足农民多元化需求。其次，培训方式需灵活多样，采用实地示范、现场教学、远程教育和在线培训等多种形式，确保不同层次农民均能受益。再次，建立农民技术培训示范基地，让农民在实践中学习新技术，提高应用积极性。最后，建立长效培训机制，通过农业技术推广中心等平台，持续为农民提供技术咨询与指导服务，鼓励农民参与继续教育，不断提升技能水平。

2. 拓宽农技推广渠道，完善服务体系

为提升农技推广效果，我们需构建多元化农技推广服务体系，拓宽推广渠道。一方面，我们应建立多层次的推广网络，涵盖全国、地方和基层，确保技术从研发到应用的顺畅传递。另一方面，充分利用现代信息技术，如电视、网络、移动应用等，拓宽推广渠道，提高技术传播速度和覆盖面。通过社交媒体平台增强农技推广的互动性和即时性，这样农民能够便捷获取技术信息和咨询服务。

3. 精准对接农民需求，实现技术推广与需求匹配

在农技推广过程中，我们需精准对接农民实际需求，确保推广内容与实际需求相匹配。首先，通过深入调研了解农民在生产中遇到的实际问题和技术需求，为技术推广提供科学依据。其次，根据调研结果选择适合当地实际情况的技术进行推广，考虑自然环境、资源条件和农民经济能力等因素，提高技术应用的可行性和效果。最后，加强技术推广的示范性，通过技术示范田和示范项目，农民亲身体验新技术，提高接受度和应用积极性。

4. 设立农业技术推广基金，加大资金投入

设立农业技术推广基金，是提升农技推广效果的关键措施。基金应由政府、社会资本

和企业共同参与，多渠道筹措资金，确保农技推广项目的长期稳定运行。加大资金投入，可用于提升技术培训的质量和覆盖面，组织更多培训班和讲座，发放培训教材和科普资料，扩大受众范围。同时，资金还可用于加强农技推广服务体系的建设，配备现代化农机具、检测仪器和信息化设备，提升服务科技含量和效率。此外，通过资金激励，加强推广人员的培训和管理，保证他们具备专业技术和优质服务能力。

第二节　现代农业技术在畜牧业中的推广应用

一、生态养殖技术的应用与推广策略

近年来，畜牧养殖业呈现出蓬勃发展的态势，生态养殖技术的应用日益成为提升养殖业核心竞争力的关键。畜牧技术推广人员与养殖从业者携手探索畜牧养殖新技术，意义重大。这种合作不仅能够拓展畜牧业的发展视野，推动生态畜牧养殖技术的广泛传播和高效应用，还能革新畜牧业发展模式，助力产业实现生态化转型与升级，引领畜牧养殖业迈向健康、可持续的发展轨道。①

(一)生态养殖技术应用与推广的意义

在养殖业的发展过程中，经济效益固然重要，但社会责任感同样不可或缺。通过应用和推广生态养殖技术，我们不仅可以确保畜产品的品质，提升企业的经济收益，还能够在保护生态环境方面发挥积极作用，进而推动养殖业的可持续发展。具体分析如下：

1. 保证畜产品的质量安全

随着生态养殖技术的大力推广，养殖基础设施迎来持续升级和完善，养殖环境得以优化，生产方式也得到革新。在此基础上，饲料、饮水、防疫用药等养殖投入品的使用愈发规范、安全。这一改变从根源上为畜产品质量筑牢根基，让消费者得以享用更安全、更放心的农产品。在生态养殖理念的引领下，养殖业对兽药使用的合理性愈发重视，严格按照国家标准执行，全力保证畜产品不会危害人体健康。伴随人们生活水平稳步提升，生态、健康的畜产品越来越受到消费者欢迎，由此可见，生态养殖技术已成为保障畜产品质量安全的关键机制。

① 邢旭英，李晓清，冯春营．农林资源经济与生态农业建设[M]．北京：经济日报出版社，2019.

2. 提高养殖经济效益

生态养殖技术的引入，为养殖业带来了显著的效益提升。一方面，它优化了生产流程，提高了生产效率，激发了养殖工作人员的积极性，共同为提升经济效益而努力。另一方面，生态养殖技术为人工操作提供了有力支持，有效解决了传统养殖模式中存在的诸多问题，降低了生产成本。这种转变不仅保障了养殖业的经济效益，还为养殖规模的合理扩大提供了坚实的基础。

3. 保护生态环境

传统养殖模式常对生态环境造成不利影响，例如引发空气污染、水体污染及土壤污染等问题。相比之下，生态养殖技术的引入着重于降低微生物、有机物及有害兽药的污染风险。它秉持“从源头减少排放、在过程严格把控、对末端充分利用”的思路，大力加强养殖场粪污处理设施的建设工作，积极促进畜禽粪污的高效处理及资源化再利用。这一转变对于打造畜牧业生态循环发展模式、守护生态环境，进而推动养殖业朝着可持续方向发展，有着极大的助力。

(二)生态养殖技术应用与推广的策略

1. 强化组织领导，完善推广机制

政府相关部门要切实扛起畜牧技术服务主力军的责任，强化组织领导力度，为技术推广工作的顺畅开展提供坚实保障。具体而言，要成立专门的推广领导机构，精心制订详尽的推广计划，健全推广机制，使技术推广工作做到流程规范、有规可守。与此同时，必须增强工作的统筹协调能力和组织落实能力，搭建起一个多元主体参与的推广服务体系。该体系应以部门协同合作为基础，通过行政力量的推动，以推广体系为核心主导，充分调动养殖场(户)和养殖企业的积极性，形成各方共同参与的良好局面，从而有效推动生态养殖技术的广泛普及和应用。

2. 加大宣传引导，营造良好氛围

全面借助各类媒体传播平台，像是电视、广播、报纸、网络等，同时结合召开会议、发放宣传资料、送科技下乡这些方式，大力开展生态养殖技术的宣传引导工作。要对本地在技术推广和应用时出现的先进经验、典型案例进行深度报道，树立标杆，以此激发广大养殖场(户)及养殖企业参与的积极性，还要充分利用微信、短视频等新媒体平台，多维度推送畜牧业养殖的最新消息，广泛宣传行业发展的新动向、新技术及新模式。通过这些举措，从思想层面打破养殖从业者对传统经验与习惯的依赖，营造浓厚的生态养殖技术推广氛围。

3. 丰富推广形式，强化技术推广成效

为全面铺开生态养殖技术的推广与帮扶工作，使其覆盖区域内所有养殖场(户)和养殖企业，我们采取了一系列举措。一方面，组织专题活动，开办生态养殖技术培训课程，安排畜牧专业技术人员深入乡村，与养殖户结成帮扶对子，发放技术指导资料，还利用短信进行宣传。另一方面，根据当地畜牧科技服务人员的分布状况及畜牧业的发展特色，对技术服务资源进行优化配置，明确各人员的责任分工。针对不同的养殖场和养殖户，推行个性化指导，实施"一对一"的贴心服务模式。通过这些扎实有效的措施，保证生态畜牧技术推广工作真正落地见效，助力畜牧业迈向高质量发展之路。通过这些措施，确保生态畜牧技术推广工作取得实效，推动畜牧业实现高质量发展。

4. 加大政策扶持，助力技术推广落实

政府理应推出相关奖补扶持政策，助力养殖场朝着规模化、标准化方向进行新建、改建或扩建，支持其购置养殖、环保、防疫等各类设施设备，以及配套规模养殖废弃物资源化利用的设施设备。针对新建或改扩建的养殖基地，还有在粪污资源化利用上达标的项目，会提供对应的补贴。并且，依据本地实际发展状况，优先扶持一批数字化畜牧业工厂建设。对于那些率先采用生态养殖技术的新型经营主体，将从政策支持、奖励补贴、宣传表彰等多方面给予激励。通过这些政策扶持手段，我们旨在增强养殖从业者向生态养殖技术转型的信心与动力，促进生态养殖技术的广泛推广与落地实施。

5. 精准推广，打造高素质养殖企业人才队伍

结合当地畜牧业特点，以及养殖场(户)、企业的实际需求，安排专业技术人员与专家团队深入畜牧养殖户和企业，开展面对面的交流与指导，实地帮助解决养殖技术难题。同时，选拔养殖企业和规模养殖场的技术负责人作为重点培训对象，整合优质师资力量，精心设计课程内容，采用理论教学与实践操作相结合的方式，举办畜牧业企业家人才培训班等技术培训活动。通过这些培训，提高养殖企业人才队伍的专业素养和技术能力，为推动畜牧业实现生态循环发展，打造一支兼具知识、技能与创新能力的畜牧企业家人才队伍。

6. 科学防疫，保障生态畜牧业健康发展

我们要着力构建完善的畜禽疫病防控体系，提升应对突发疫病的能力。一方面，加大对养殖户防疫知识的宣传，强化技术服务，帮助养殖户更新防疫理念，让他们充分认识到动物疫病防控的重要性。另一方面，把动物防疫工作做细致、做到位，为生态畜牧养殖技术的顺利推广和应用筑牢根基，提供坚实保障。同时，要加强与科研机构和高等院校的合作与交流，引入先进的疫病防控技术和手段，不断提升疫病防控水平，为生态畜牧业的健康发展保驾护航。

（三）生态养殖技术应用与推广的保障机制

为确保生态养殖技术的广泛应用与有效推广，我们必须构建完善的保障机制。这一过程需要立足于长期发展，充分结合各地的实际情况，有条不紊地推进。具体而言，保障机制的构建需从以下三个方面入手：一是积极争取充足的资金投入，二是严格落实监督管理措施，三是科学制定激励方案。具体分析如下：

1. 确保经费充足与合理使用

经费是生态养殖技术推广工作的基石。当前，尽管各地对畜牧业发展的扶持力度有所增强，但在畜牧技术推广体系建设方面的投入仍显不足。因此，我们必须进一步提高对畜牧技术推广工作的重视，确保经费的充足投入。推广机构应积极争取政府资金和社会资本的支持，并制订“推广经费分配计划”，建立“推广经费预算和使用公开制度”，严格规范经费使用，确保每一笔资金都专用于既定项目，做到公开透明。通过科学合理的经费安排，我们为生态畜牧养殖技术推广的各项活动和措施提供有力支持，从而保障技术推广工作扎实有序推进，实现可持续发展。

2. 强化监督与评估机制

为保障生态养殖技术的有效实施与推广，建立健全的监管评估体系至关重要。首先，我们应制定“生态养殖技术实施监管制度”，明确技术应用的具体标准和操作规范，系统规划监管工作流程，确保技术应用的规范性和科学性。其次，针对技术推广环节，我们需建立“生态养殖技术推广监管机制”，对推广渠道、方式和成效进行全面监控，确保推广工作的实效性。通过完善的监管体系，我们能够及时发现问题并采取纠正措施，促进技术推广工作的规范化和高效化开展。

3. 建立科学合理的激励政策

为充分激发畜牧技术推广人员的积极性与创造性，我们必须建立一套科学合理的激励机制。相关部门应当依据技术推广人员的层级差异，尤其针对基层工作人员，制定出专门的表彰奖励政策。通过设立特定奖项并举行公开颁奖仪式，对技术推广工作者的辛勤耕耘和突出成就予以充分认可，这既是对他们个人努力的尊重，更是对整个技术推广工作的有力推动。激励政策的实施，能够进一步强化技术推广工作者的荣誉感和责任感，促使他们始终保持高昂的工作热情，持续学习新知识、提升业务能力。此外，利用奖项的宣传作用，还能提升社会各界对生态畜牧养殖技术的了解和重视程度，为畜牧业的可持续发展营造良好的社会环境。

综上所述，建立健全生态养殖技术应用与推广的保障体系，是促进畜牧业健康发展的关键措施。通过确保经费充足与合理使用、强化监督与评估机制及建立科学合理的激励政策，我们可以有效促进生态养殖技术的广泛应用和深入推广，为畜牧业的可持续发展打下基础。

二、绿色畜牧养殖技术的推广应用

绿色畜牧养殖技术作为一种环境友好型、高效率且可持续的生产模式，在应对我国不断增长的畜产品需求、提升养殖经济效益、保障食品质量安全及降低环境污染等方面发挥着重要作用。然而，该技术在推广过程中仍面临诸多挑战，包括专业推广人员短缺、资金投入不足及技术推广效果欠佳等问题。

(一)绿色畜牧养殖技术推广的核心要素

绿色畜牧养殖技术的推广体系包含多个关键要素：技术创新、政策支持、示范引领、教育培训和公众宣传等。首先，技术创新是推广工作的基础，持续的技术研发能够推动更环保、高效的养殖技术发展，满足市场对绿色畜产品的需求。其次，政策支持是推广的重要保障，政府需制定并落实财税优惠政策，提供资金扶持和奖励措施，以激发农民采用绿色畜牧养殖技术的积极性。再次，示范引领是推广过程中的关键环节，通过建立绿色畜牧养殖示范项目，直观展示技术的优势与效益，引导农民认识和接受新技术。复次，教育培训对于提升养殖户的技术水平和认知至关重要，通过系统的培训，养殖户掌握绿色养殖技术，增强其应用能力。最后，公众宣传是扩大技术影响力的重要手段，通过多渠道宣传提高社会对绿色畜牧养殖技术的认知度，营造良好的推广氛围，从而推动该技术的广泛应用和深入发展。

(二)绿色畜牧养殖技术推广应用的必要性

1. 满足我国基本国情

作为全球重要的畜牧业生产国，我国畜牧业在国民经济发展中扮演着关键角色，其发展水平直接影响民生福祉。然而，传统规模化养殖模式带来的资源消耗和环境污染问题日益突出。绿色畜牧养殖技术凭借其资源高效利用和环境友好的特性，与我国可持续发展战略高度契合。该技术的推广应用不仅能够推动畜牧业的结构优化和产业升级，实现经济效益与生态效益的协同发展，还将为我国畜牧业的可持续发展提供有力支撑。

2. 提高畜牧养殖收益

绿色畜牧养殖技术的推广应用，通过改善饲养环境、提升饲料转化效率等途径，显著提高了畜牧业的生产效率和产品质量，从而有效增加了养殖户的经济收益。这些技术的应用不仅降低了生产成本，扩大了利润空间，还调动了更多养殖户参与绿色养殖的积极性，为我国畜牧业的可持续发展注入了新的动力。①

3. 保障食品安全，减少环境污染

传统畜牧业中普遍存在的抗生素和激素滥用问题严重影响了畜产品的质量安全。绿色畜牧养殖技术通过强化疫病预防控制和饲料安全管理，从根本上提升了畜产品的品质和安全性，有效保障了消费者的健康权益。同时，通过循环利用畜牧业废弃物，有效减少了环境污染，为构建绿色、环保的畜牧业生产体系提供了有力保障。

4. 维护动物生长发育，提升畜产品品质

绿色畜牧养殖技术致力于为动物提供良好的饲养环境和健康饲料，这不仅有利于动物的正常生长发育，还提高了动物的免疫力和抗病能力，降低了疾病发生率，减少了养殖风险。这种对动物生长的关注，不仅是对生命的尊重，更能在提升畜产品品质方面发挥重要作用。通过这种方式，我们能够更好地满足消费者对安全、优质畜产品的需求，进而为畜牧业的可持续发展奠定坚实基础。

(三)绿色畜牧养殖技术推广措施

1. 加强对推广人员的相关培训

技术推广人员是绿色畜牧养殖理念传播的重要桥梁，其专业水平和推广效能直接影响技术应用的最终效果。基于此，建立完善的推广人才培养体系具有重要的现实意义。

在培训体系建设中，首先，我们应当着重强化技术理论知识的传授、实践操作技能的培养及典型案例的分析。推广人员需要全面把握绿色畜牧养殖技术的理论基础、操作规范和应用价值，熟悉技术落地的具体流程和注意事项，从而在实际工作中为养殖主体提供科学的技术支持和专业的咨询服务。

其次，培训形式应灵活多样，融合集中授课、实地考察、在线学习、经验分享等多种模式。通过邀请行业专家、学者及成功实践者进行面对面授课与现场示范，结合实地考察让推广人员亲身体验技术效果，同时利用在线平台实现灵活学习，促进经验交流，确保其对培训内容的深入理解和有效吸收。

再次，强化实践操作环节，确保推广人员具备扎实的技术操作能力。通过模拟演练、实地操作等方式，推广人员在培训中亲自动手，加深对技术的理解与掌握，从而在实际推广中更加自信、专业地指导养殖户。

最后，建立健全培训考核与评估体系，对推广人员的培训效果进行定期评估与反馈。通过设定明确的考核指标，如技术掌握程度、推广成效等，结合养殖户反馈与实地调研结

① 左喆瑜．水资源与中国农业可持续发展研究[M]．兰州：兰州大学出版社，2019.

果，不断优化培训内容与方法，持续提升推广人员的专业素养与推广能力，确保绿色畜牧养殖技术推广工作的顺利进行与高效实施。

2. 在技术推广方面加大资金的投入

财政支持是技术推广和应用的关键支撑，充足的资金保障和科学的使用机制是确保绿色畜牧养殖技术在行业内有效推广的必要条件。

首先，政府部门应设立专项基金，用于支持绿色畜牧养殖技术的创新研发和推广应用。这些资金可用于资助相关科研项目，促进新技术和新模式的开发与实施。同时，也可用于建立技术示范基地，为养殖户提供直观的技术应用展示，增强其对技术的认可度和接受度。

其次，政府部门可通过信贷支持和财政补贴等政策工具，激励养殖主体采纳绿色畜牧养殖技术。信贷支持有助于缓解养殖户的资金压力，降低技术应用门槛；财政补贴则能进一步调动养殖户的积极性，促进技术的广泛应用。

再次，政府部门可联合企业、高等院校和科研机构，共同开展技术研发和推广项目。通过整合多方资源，优化资金配置，提升技术推广的效率和效果。

最后，为确保资金使用的规范性和有效性，政府部门应建立健全的资金监管和评估机制。强化资金使用的监督和考核，杜绝资金浪费和违规使用，确保资金切实用于技术推广工作，取得预期的推广成效。

3. 构建科学有效的推广模式

为了最大化绿色畜牧养殖技术的推广效果，我们必须构建一套科学、高效的推广模式。该模式应紧密结合技术特点与实际应用需求，强化实施过程中的技术指导与服务，确保技术推广工作的顺畅进行与成效最大化。

首先，推广模式需坚持因地制宜、因技施策的原则。鉴于不同地区和养殖业态的资源禀赋、养殖结构及市场需求差异显著，推广策略应避免“一刀切”。应深入调研，准确把握各地区的实际情况，制定具有针对性的推广方案，确保技术推广能够精准对接养殖户的实际需求，提升推广的针对性和实效性。

其次，推广模式应强化技术指导与服务的深度与广度。技术推广不仅仅是技术的简单传递，更在于为养殖户提供全方位、个性化的技术支持与服务。技术人员要深入基层，贴近养殖户，精准把握他们的实际状况和需求，针对技术应用过程中可能遭遇的难题，提供具体有效的解决办法，帮助养殖户突破技术瓶颈，保障技术的顺畅落地。

最后，推广模式需突出示范带动效应。通过打造绿色畜牧养殖示范场和示范基地，以直观的方式呈现技术的成效与优势，从而提升养殖户对新技术的信任度和接受度。同时，加强对技术的宣传与推广，通过媒体、网络等多种渠道扩大技术影响力，激发养殖户的学习热情与参与意愿，形成技术推广的良好氛围，提升技术推广的成功率与普及率。

4. 加强监管与宣传

为使得绿色畜牧养殖技术的有效推广与畜产品的质量安全，政府和相关部门需双管齐下，既加强市场监管，又加大宣传力度，形成内外联动的良好局面。

首先，健全畜牧业市场监管机制，这是保障畜产品安全的根本所在。相关部门得搭建起全方位的质量安全监管体系，强化对生产经营主体的管控，把定期检查和突击抽查搭配起来，严厉查处违规使用激素、抗生素这类添加剂的行为。通过完善法律法规，明确违法责任，提高违法成本，形成有效的震慑作用，确保畜牧生产过程的规范性与合法性，维护消费者的健康权益。

其次，加大绿色畜牧养殖技术的宣传力度，是提升公众认知、扩大市场需求的关键。政府应充分利用各类媒体平台，如电视、广播、网络等，举办推广活动，发布宣传资料，普及绿色畜牧养殖技术的知识与优势，提高消费者对绿色畜产品的认知度和接受度。同时，推动绿色畜产品认证体系的建立与完善，通过权威认证标志，让消费者能够轻松识别并信赖绿色畜产品，从而激发市场需求，促进绿色畜牧产业的快速发展。

最后，对养殖户的技术培训和指导也是宣传工作中不可或缺的一环。政府应组织专业团队和技术人员深入养殖场一线，开展现场培训与技术指导，帮助养殖户掌握绿色畜牧养殖技术的核心要点与操作方法，解答实际操作中的疑惑，提升养殖户的技术应用能力和信心。凭借不懈的技术推广和专业培训，我们致力于优化资源利用效率，降低环境污染，保障畜产品的质量安全，引导畜牧业朝着绿色、健康、可持续的路径稳健前行。我们呼吁社会各界携手合作，凝聚力量，积极参与绿色畜牧养殖技术的创新与普及工作，为我国畜牧业的蓬勃发展和持续进步提供强大支持。①

三、畜牧技术推广与乡村振兴战略的协同发展

要推动畜牧业迈向高质量发展，重点在于加大技术推广和普及的力度。这能从根源上提高农民的科技素养，为他们提供脱贫致富的技术保障。以“授人以渔”的思路落实乡村振兴战略，在精准扶贫时持续创新技术推广模式，开展有针对性的技术培训，切切实实帮助农民掌握发家致富的技能，进而实现畜牧业的良性循环与可持续发展。

（一）加强技术普及与培训，培育农民自主发展能力

畜牧技术推广的重点在于深化技术普及和强化技术培训，将先进科技成果转化应用于

① 李柱．“互联网+”时代下农业经济发展研究[M]．长春：吉林科学技术出版社，2023.

畜牧业生产实践，提高生产效率，推动产业转型升级。为了实现这一目标，我们需要根据农民的实际情况，进行有针对性和差异化的技术普及与培训。

首先，深入调研当地畜牧业的实际发展状况，精准把握市场需求。在此基础上，根据不同养殖品种的特点和需求，量身定制技术普及方案。同时，考虑到农民的知识水平差异，我们应采用多样化的培训手段，如视频教学、图片展示、互动问答等，让农民通过直观、易懂的方式接受理论知识。此外，培训过程中我们应注重实践操作，通过现场演示、模拟演练等方式，让农民亲自动手操作，加深对技术的理解和掌握。

其次，建立养殖科技示范基地，让农民能够实地考察学习，亲身体验科技带来的成果。与此同时，推广人员需深入农村地区，采取包村入户的方式，为农民提供一对一的精准技术指导，切实解决他们在日常养殖过程中遇到的各种实际问题。通过建立技术人员与农民之间的技术指导与反馈渠道，我们可以及时收集农民的反馈意见，帮助他们解决技术难题，确保技术推广工作的有效性。

(二)建立畜牧产业联合体，增强市场竞争力

为促进畜牧业的可持续发展，我们应着力培育养殖联合体和生产合作社等新型经营主体。通过整合技术资源，转变传统分散经营模式，构建互利共赢、协同高效的生产联合体，实现个体与集体的共同发展。

具体而言，我们可组建专业化养殖合作社，通过技术培训和推广，优化资源配置，提高饲料配比的科学性，从而提升养殖效益。与此同时，采用合作社模式能够提升畜牧业抵御风险的能力，为产业的稳定发展保驾护航。基于合作社这一组织形式，我们还可以进一步探索开发流水生产线联合体，联合相关企业打造集养殖、供应、加工、生产、销售于一体的产业化渠道。这样一来，我们就能助力农民拓展销售途径，保障其收益稳定，让畜牧业在稳定的产销体系中实现更好发展。

另外，加强养殖场的质量监管至关重要。一旦发现环保不达标的养殖场，我们必须果断关停，从根源上遏制有害因素产生，降低传染病传播风险。在这个过程中，政府相关部门要切实履行职能，加大监管力度，打造规范、有序的畜牧业生产环境，为行业健康发展提供坚实保障。

(三)精准推广畜牧养殖技术，赋能乡村振兴

在推进畜牧养殖技术推广的过程中，我们应紧密结合乡村振兴战略，精准实施技术帮扶措施。针对不同地区和养殖户的实际需求，开展个性化、精准化的技术推广与培训活动。尤其在疫病防控这一关键领域，我们必须加强相关技术培训和专业指导。例如，在养殖过程中我们应严格控制饲料质量，防止因饲料问题导致的疾病疫情；加强农民的科学消

杀观念，通过日常的消杀工作严格避免疫情的发生。

针对不同畜牧生产项目，我们应开展有针对性的技术培训。例如，在肉鸡养殖中我们应注重环境建设和疫病防控；在蛋鸡养殖中我们要重视育雏工作和营养控制；在林下生态鸡养殖中我们可以推广立体经营模式，充分利用自然资源降低饲养成本并提高产品质量。通过这些精准的技术推广和培训措施，我们可以帮助农民掌握科学养殖技术，提高生产效率和经济效益，实现脱贫致富的目标。

归根结底，畜牧养殖技术的推广与乡村振兴战略的紧密结合，是达成农业现代化、农民增收致富及农村环境美化这一系列目标的核心路径。我们需持续强化技术普及与培训工作，充分激发农民的自主发展动力；通过构建畜牧生产联合体，增强产业的整体竞争力；同时，精准推广畜牧养殖技术，为乡村振兴战略的有效实施提供有力支撑。凭借这些举措，我们能够有效推动畜牧业的可持续发展，并为乡村振兴注入强大动力。

第三节　现代农业技术在水产养殖业中的推广应用

一、水产养殖新技术推广概述

水产养殖在我国养殖产业里是极为重要的部分，也是推动经济发展的重要力量之一。随着人们生活水平逐步提高，消费者对于水产品的品质和安全性有了更严格的要求。所以在追求经济效益时，我们一定要关注水产养殖可能给生态环境带来的影响。事实上，采用科学合理的养殖模式不仅能避免环境污染，还能对生态环境起到积极的调节作用，实现经济发展与生态保护的良性互动。

(一)水产养殖新技术探析

1. 淡水鱼混养技术分析

在淡水水产养殖中，智能淡水鱼混养技术通过科学搭配不同生活习性的鱼种，实现了养殖空间的最大化利用。这种技术基于对不同鱼种生活习性和食物链关系的深入理解，通过精准投放和定量管理，使得养殖环境更加和谐稳定。比如，在水产养殖中采用多种鱼类混养模式，将草鱼、鲢鱼、鲫鱼和鲤鱼等放养在一起。草鱼以水草等植物性饵料为食，其摄食后遗留的残渣会成为杂食性鱼类(如鲫鱼和鲤鱼)的天然食物，而草鱼排泄物和残饵又促进了水体肥力的增加，为浮游生物提供了营养，进而成为鲢鱼的食物。这种多层次的食物链关系不仅提高了饵料的利用率，降低了养殖成本，还维持了水体的生态平衡，促进了水产养殖的长期稳定发展。

智能淡水鱼混养技术的优势在于其科学性和智能化。通过现代信息技术的应用，如水质监测、智能投喂系统等，我们可以实现对养殖环境的精准控制和鱼群生长状态的实时监控。这种精细化的养殖管理模式，不仅提高了整体养殖效率，还切实保障了水产品的品质与安全。放眼未来，随着人工智能、大数据等先进技术持续发展，智能淡水鱼混养技术有希望达成更具个性化与精准化的管理。这不仅会给水产业带来更丰厚的经济效益，还能进一步提升其生态效益，推动水产养殖业迈向更高质量的发展阶段。

2. 物联网智能控制技术

物联网智能控制技术是近年来水产养殖领域的一项创新性突破。借助互联网、传感器及云计算等前沿信息技术，该技术实现了对养殖场的远程自动化监控与管理。通过在水中安装的传感器，我们能够实时监测水质的关键参数，例如温度、pH、溶解氧等。基于这些数据，物联网智能控制技术可自动调节养殖环境，为水产品创造适宜的生长条件。同时，该技术还能与大数据分析和人工智能相结合，对海量的养殖数据进行深度挖掘和分析，从而为养殖决策提供精准的科学依据。

物联网智能控制技术的应用显著提升了养殖场的管理效率和问题响应速度，让养殖人员可以随时随地了解养殖场的实时动态，并迅速发现并解决潜在问题。此外，该技术还可以降低人力成本，提高养殖效益。通过精准投喂、智能温控等手段，物联网智能控制技术可以确保水产品的品质和产量稳定提升。

物联网智能控制技术在水产养殖行业的未来发展潜力巨大。随着技术的持续进步和成本的逐步降低，其有望在更广泛的范围内得到推广和应用。同时，随着消费者对水产品品质和安全性的要求日益提高，物联网智能控制技术也将成为提升水产品市场竞争力的重要手段之一。

(二)水产养殖技术推广的策略

1. 加大部门资金的投入

目前，水产养殖技术推广工作因资金短缺，难以高效推进。为此，相关部门需制定适合各地的资金投入方案，明确各部门成本配置额度，保证资金得到充分利用。而且，在加大资金投入时，我们还应设立奖励制度，以提高农技人员工作积极性，留住人才，使其能为地方水产养殖技术推广工作贡献更多力量。我国虽很早就出台了水产养殖相关政策，但在技术推广人员配备与资金投入上，仍有待加强。所以，地方政府要依据本地区特点，加大扶持力度，保障推广工作顺利进行。同时，基层水产技术推广部门应做好资金规划，拓宽筹资渠道，减轻财政负担，保障技术推广工作高效推进。

我国淡水养殖技术的进步与应用，离不开强大的科技力量作为支撑。在推动淡水养殖发展的进程中，我们还必须兼顾生态农业建设。在掌握核心技术的基础上，我们要充分挖掘各地的水资源优势，构建绿色生态农业经济体系，力求经济效益最大化，从而推动淡水养殖业的快速发展。近年来，国家对水产养殖业愈发重视，陆续出台多项政策助力产业发展。在确保技术推广资金充足的情况下，地方政府应当结合当地实际情况，制订科学合理的资金使用计划，保障养殖工作有条不紊地开展，让淡水养殖产业在政策支持与科学规划下，实现高质量发展。随着水产养殖业步入良性发展轨道，推广部门应做好预算管理，将技术推广资金纳入统筹规划，确保资金使用效率，推动产业健康发展。

2. 加强对养殖户的培训力度

养殖户在构建淡水养殖技术模式时，应当拓展服务范畴，提前谋划好市场前景研判、产品销售策略及养殖管理方案。这一过程需要我国政府部门加大执行力度，给予政策扶持与资金支持。在推广技术的过程中，我们要依据当地气候条件、地域特征，合理推广适宜的养殖技术。推广水产品时，我们需全面考量、深入分析，结合实际养殖状况，科学合理地进行调整与改革，如此才能切实推动我国水产养殖业快速发展。水产养殖技术推广是政府部门极为重视的工作，这不单单是水产养殖机构和技术人员的任务，更是政府相关部门的重要职责。政府应积极助力水产养殖业发展，通过多元化方式宣传推广水产养殖技术，提升养殖人员专业素养，为水产养殖业的蓬勃发展注入强大动力。例如，定期组织专业技术人员进行培训，邀请本地专家进行现场讲解，或者组织人员到其他地区学习先进经验。这些举措的最终目标是提高水产养殖技术水平，促进产业的快速发展，为市场提供更优质的产品，从而增加效益和产值。[①]

水产养殖技术推广过程中，农技推广人员扮演着至关重要的角色。他们凭借深厚的专业知识和较高的综合素养，能够有效地推动技术推广工作。从养殖户的实际需求出发，基地可以定期组织培训课程和讲座，邀请养殖户参与。培训内容可涵盖理论知识与实践应用，帮助养殖户清晰认识到自身在技术上的不足，以及与现代科技之间的差距，从而激发他们接受新型养殖技术和模式的意愿。通过这种方式，水产农技推广人员与养殖户之间能够实现知识的有效交流，促进新技术更好地融入生产实践。

3. 关注农户养殖的需求与心理情况

我国幅员辽阔，多样的自然环境和人文传统造就了各地独特的水产饮食文化。以宁波地区为例，端午节食用大黄鱼的传统习俗延续至今。在过去资源充裕时期，大黄鱼资源丰富，

① 祝坤艳，王莹，王震宇．数字化农业经济管理研究[M]．长春：吉林人民出版社，2023.

但在当前自然资源匮乏的背景下，优质野生大黄鱼已成为稀缺资源。尽管人工养殖大黄鱼已取得成功，但其品质与野生品种仍存在明显差距，因此培育优质大黄鱼成为养殖户的重要目标。在南方沿海地区，大弹涂鱼被视为馈赠佳品和术后、产后滋补食材，而淡菜、鲫鱼、河虾等则广泛用于产妇调理，这些传统习俗为水产养殖业提供了良好的市场基础。

我国悠久的饮食文化传统，不仅为水产养殖业开辟了广阔的发展空间，也为传统水产美食打开了市场。如今，我国人均水产品消费量已达世界平均水平，不过和发达国家相比，仍有一定提升空间。随着城乡居民生活水平不断提高，水产品消费结构正发生明显变化。过去以粮食为主的消费模式，正逐步转变为粮食与动物食品搭配的模式，动物食品占比持续上升。而水产品营养丰富，既能补充人体所需营养元素，还具备保健功效，在众多动物食品中极具发展潜力。

我国坐拥十几亿人口的超大规模市场，紧跟市场动态，积极拓展养殖区域，挖掘市场潜力，未来大有可为。基于各地习俗和城乡居民的实际需求，打造适配的发展模式，让改革开放之后，我国水产行业实现了质的飞跃，发展速度大幅提升。然而，在计划经济向市场经济转型过程中，由于管理部门对市场引导不当，导致甲鱼、河蟹等传统优质水产品供过于求，价格大幅下跌，养殖户收益微薄甚至亏损，影响了行业发展和经济效益。因此，水产养殖业除了要提高种苗质量、饲料品质、技术水平并降低成本外，还需对养殖品种进行重大调整，使生产从无序状态转向以市场为导向的有序发展轨道。

在开发新品种时，我们应优先考虑本土资源中需求量大但资源稀缺的品种，如淡水土步鱼。这种鱼类历史上数量较多，但由于生态环境变化，现已成为珍贵物种，市场价值极高。针对这一现状，专业技术人员应创新开发类似品种，如海水中华乌塘鳢等。在市场开发研究中，我们应因地制宜，开发适合当地条件的珍稀品种养殖技术。随着农村人口向城市迁移、西部大开发战略实施及国内外经济文化交流增加，人口流动为水产品市场带来巨大商机。各地在传承传统文化的同时，不断丰富地方特色，如引入国外节日和国内不同菜系，为市场拓展提供基础。我们不妨有规划地引入新的水产品种，优化商品鱼的结构，让消费者能品尝到品质更优的水产品，这是基于当下社会实情和市场根基所形成的新型养殖模式。

相关部门要时刻留意养殖业的发展走向，增强前瞻性，强化风险管理。提前预估发展途中可能遭遇的灾害，尽可能降低对养殖户造成的损失，同时提升经济效益。技术人员在了解养殖户的想法时，不能盲目跟风，而要深入调研，依据不同地区的环境差异，为当地养殖户推荐最适宜的技术，充分发挥技术的积极效能。一旦养殖户从新技术中切实获利，其便会自然而然地逐步接纳新技术，如此一来，就能推动技术推广工作顺利且高效地进行。

4. 建立正规销售渠道

当下，在我国农村地区，农户自产自销的经营模式较为常见。随着传统农产品涌入市场，商品经济迅猛发展，各地水产业顺势而为，纷纷设立渔行，进而构建起多级批发零售体系。改革开放之后，水产公司的职能渐渐减弱，一些商贩会以较低价格从养殖户那里收购水产品，经过多次转手买卖，这些水产品才最终被消费者购买。这种多层级的流通环节导致终端售价与初始收购价相差数倍，养殖户难以获得合理收益，利润被中间商攫取，这在一定程度上挫伤了养殖户的积极性，制约了养殖业的健康发展。

建立水产养殖示范基地，在特定区域内应用新技术，能够提高养殖户对新技术的关注度和使用率。养殖户遇到技术问题可直接咨询专业人员，政府应对勇于尝试新技术的农户给予资金支持。选择当地受欢迎的水产品进行养殖，与养殖户共同制定方案，从而吸引更多养殖户自发参与，逐步形成专业化养殖模式，持续提升产量和品质，实现质的突破。水产养殖技术内容丰富，推广时应有针对性，结合市场需求选择性地开展技术培训和宣传，生产高品质且符合市场需求的水产品，增强市场竞争力。此外，我们应采用多样化的营销策略，利用网络和多媒体平台，制作产品推广短视频，通过微信、抖音等流行社交软件进行宣传，制定合理价格策略，赢得消费者认可，提高产品销量。

近些年，水产养殖界新技术层出不穷，传统养殖方法已跟不上时代步伐。养殖户得赶紧转变思路，启用新型养殖模式，在生产过程中持续探索新技术，这样才能顺应市场变化，收获最多的经济效益。既要想办法降低养殖成本，又要提高资源利用效率，才能在激烈的市场竞争中站稳脚跟。

二、水产养殖技术推广的现状及改进措施

（一）主要推广的水产养殖技术

1. 高效养殖技术

（1）池塘循环水养殖

进行池塘循环水养殖，科学设计池塘水循环系统至关重要。要让水体在池塘里全方位流动起来，防止出现局部水体富营养化的情况。在做好这一点的前提下，借助先进的水质监控设备，对水体中的溶解氧、氨氮、pH 等关键指标展开实时监测，及时掌握水质动态，为养殖创造良好的水体环境。通过这些数据，我们能够精准地掌握水质变化，及时采取措施进行调整，从而确保养殖环境的稳定与健康，为水产品的生长提供良好的条件。最后，利用生物滤池、人工湿地等技术对养殖废水进行处理，降低废水中的有害物质浓度，减少对环境的污染。

（2）生物滤池技术

生物滤池技术主要是通过构建微生物生态系统，来实现对养殖水体的高效净化。它能

降低水中有害物质的含量，让养殖环境得到优化。在实际运用这项技术时，第一步得挑选合适的滤料，像砂石、活性炭之类的，搭建起生物滤池，给微生物打造一个良好的生存空间。接着，投放特定的有益微生物，慢慢培育出稳定的微生物群落，这些微生物可以分解水体里的有机物和有害物质，让水质保持稳定、干净。此外，我们还得定期清洗滤池，更换滤料，保证滤池始终高效运转，这样才能让水质长期维持在良好状态。

2. 饲料技术

(1)配合饲料

设计精准的饲料配方，能契合不同水产生物在各个生长阶段的营养需求，提高饲料转化效率，降低养殖成本。具体操作如下：首先，依据养殖生物的生长特性，仔细分析它们的营养需求，从而制定科学合理的饲料配方，保证营养既全面又均衡。其次，利用挤压、膨化等先进的饲料加工工艺，大幅提升饲料的适口性，提高消化吸收率，减少饲料浪费，进一步优化养殖效益。

(2)绿色饲料

绿色饲料技术致力于打造健康、环保的养殖模式。它选用像植物提取物、益生菌这类天然添加剂，摒弃抗生素与化学添加剂，以此增强养殖生物的免疫力。在饲料研发方面，专注于有机饲料的开发，严格挑选无污染原料，运用绿色生产工艺，从源头保障饲料的天然纯净与安全可靠。不仅如此，绿色饲料技术还与生态养殖模式紧密结合。以稻田综合养殖、水库生态养殖为代表的生态养殖方式，借助绿色饲料技术，减少对环境的污染，实现资源的高效利用，为养殖行业的可持续发展铺就坚实道路。

3. 病害防控技术

(1)疫苗接种

在水产养殖领域，疫苗接种是提升生物抗病能力的重要举措。通过接种疫苗，我们能够极大地降低疾病的发生概率和传播风险，为养殖生物的健康生长提供保障，进而提高养殖效益。要做好疫苗接种工作，我们需要从以下几个方面发力：第一，要加大对水产疫苗研发的投入。只有投入足够的资金和人力，才能推动研发出更高效、更安全的疫苗产品，并加快这些疫苗的推广应用。第二，制定科学的疫苗接种程序。这需要根据养殖生物的生长阶段，以及它们可能面临的疫病风险，合理确定接种时间和接种剂量，确保疫苗能发挥最佳效果。第三，重视对养殖人员的疫苗接种技术培训。只有让养殖人员熟练掌握规范的接种操作，我们才能切实提升疫苗接种的效果，真正发挥疫苗在水产养殖中的作用。

(2)生物防控技术

生物防控技术借助有益微生物和益生菌，能有效抑制有害病原菌滋生繁衍，维护养殖环境健康。在推广应用时，首先，要运用微生态制剂来调节养殖水体的微生态环境，增强养殖生物的抗病能力。其次，我们可采用生态防控手段，比如混养、轮养等模式，利用生物间的相互作用，降低病害发生概率。最后，通过改善养殖环境，像是调节水质、合理控制养殖密度等，进一步防范病害产生，保障养殖生产平稳有序开展。

(二)水产养殖技术推广中存在的问题

1. 推广体系不健全

当下，水产养殖技术推广体系的建设存在不少棘手问题。其一，技术推广规划与指导框架不完善，推广工作缺乏全面统筹与协调。各个地区在进行技术推广时，常常各行其是，没有统一标准和规范，大大降低了推广工作的整体成效。其二，推广机制存在短板。因为缺少有效的激励与约束机制，推广人员的工作积极性和推广工作的实际效果都受到了影响，无法充分调动各方参与推广的热情。其三，推广方式比较单一。目前主要依靠政府行政力量推动，市场化推广手段运用不足，使得推广的覆盖范围不够广泛，影响力也较为有限，难以充分挖掘市场潜力。其四，信息沟通不畅。在技术推广过程中，养殖户很难及时掌握最新的技术信息和推广动态，信息滞后的问题严重制约了推广工作的效率和实际效果，阻碍了新技术的普及应用。

2. 技术适应性问题

部分被推广的水产养殖技术，在实际运用时未能收获预期成效。症结在于，这些技术没能全面考量当地的自然状况、养殖环境及养殖户长期形成的生产习惯，与实际情况存在显著脱节。但个别地区在推广环节，没有对这些问题予以足够重视，直接引进并推行相关技术。如此一来，实际应用过程中，技术难题与操作阻碍接踵而至。这不仅让技术推广的整体效果大打折扣，还让养殖户对新技术的信任与信心受挫。追根溯源，是在技术推广前期，没有对技术的适应性进行充分评估与验证。这就使得推广进程中麻烦不断，新技术难以切实落地实施。

3. 资金和资源不足

当前，当地政府在水产养殖技术推广方面的资金扶持力度不足，推广活动所需经费缺口较大。同时，由于缺乏有力的政策引导与激励机制，社会资本参与技术推广的热情低迷，致使资金来源过度依赖单一渠道，难以构建起多元化的资金支持格局。

(三)水产养殖技术推广的改进措施

1. 增加资金和资源投入

(1)加大政府和企业资金投入

政府应加大对水产养殖技术推广的资金投入，保证推广工作持续深入进行。具体来说，可以设立专项基金，为技术推广活动及相关基础设施建设提供资金支持，为推广工作筑牢经济基础。另外，推行财政补贴、提供优惠贷款等政策，减轻养殖户与推广人员的经济压力，鼓励更多人踊跃参与到水产养殖技术的推广和应用中。

(2)提高资金的使用效率

为切实提升水产养殖技术资金的使用效益，当地相关部门务必加强资金管理，保障资金使用既规范又科学。具体可从以下几方面着手：

其一，健全资金使用监督机制。定期对资金使用状况展开全面检查与深入评估，杜绝资金被挪用或无端浪费的现象，确保每一笔资金都能精准投入技术推广的核心环节。

其二，基于实际需求，合理且科学地分配资金，避免出现资源错配问题。优先扶持重点推广区域及关键技术，以此推动技术推广取得最佳效果。

其三，坚持开展资金绩效评估工作。定期剖析资金使用成效，总结经验、汲取教训，并依据评估结果，及时调整和优化资金使用方案，进而提高资金使用效率，增强技术推广的实际成果。

2. 提升技术推广人员的素质

第一，必须全方位加强对技术推广人员的专业培训。通过定期举办培训课程，从理论知识到实践操作能力，对推广人员进行系统提升。培训内容要涵盖水产养殖领域多个关键方面，像最新的养殖技术、环境管理要点，以及疾病防控知识等，让推广人员拥有坚实且全面的专业基础。

第二，为助力技术推广人员紧跟行业前沿，及时了解最新技术进展，我们要为他们创造更多接受继续教育的契机。比如，当地可以组织进修、开办研修班，或是举办学术交流活动等，让推广人员能够及时更新专业知识，把握最新技术动态。

第三，要积极引导并安排推广人员深入基层，参与实际的养殖生产。在这个过程中，推广人员能积累大量实践经验，更直接地知晓养殖户在实际生产中遇到的问题和需求，从而为养殖户提供更具针对性和实用性的技术指导。

三、互联网技术在水产养殖中的应用与推广

(一)水产养殖技术的应用探索

1. 鱼菜共生种养技术

鱼菜共生种养技术，作为新兴的生态循环农业模式，巧妙地将种植业与水产养殖融为一体。其依据生物共生的原理，在水面运用无土栽培方式种植各类蔬菜，像丝瓜、芹菜之类，同时于水下开展鱼类养殖。在这一模式里，鱼与植物形成了相互依存、共同生长的关

系，有效维系着生态系统的稳定。借助资源的高效循环利用，鱼菜共生种养技术无须频繁换水，甚至可以不换水，就能达成高效的养殖与种植。这种技术不仅改善了养殖环境，产出绿色有机蔬菜，还降低了生产成本，提高了水产品的质量，让养殖系统实现自我平衡，为农业的可持续发展开拓出全新的道路。

2. 低碳高效循环技术

低碳高效循环是一种别出心裁的鱼类养殖技术。在该模式下，水池里圈养着食性鱼类，它们产生的排泄物及其他沉淀物质会被收集起来，经过脱水处理，摇身一变成为优质的有机肥料，用来滋养陆生植物，就此达成了渔业与农业的巧妙融合。和传统鱼塘相比，这种模式让养殖池内的水体循环更为高效，对于污泥和废料的处理也更符合环保理念。它不仅净化了水体，让水质更加稳定且富有活力，还使得养殖的鱼类肉质愈发鲜嫩，就连捕捞过程都变得更加高效便捷。

3. 生态环境修复技术

在水产养殖领域，生态环境修复技术占据着举足轻重的地位。此技术主要依靠种植水草及培养菌类，来对养殖池的生态环境进行改善与调控。水草和菌类于整个养殖系统而言，有着不可或缺的作用。它们能够摄取水生动物排出的废弃物，将其转化为自身生长所需的养分，进而维持生态系统的稳定平衡。而且，水草和菌类还为水生动物打造了可供遮蔽与栖息的空间，让水生动物的生存环境得到优化。生态环境修复技术的运用，不但切实降低了养殖成本，还大幅提高了水产品的质量。

4. 物联网技术

物联网技术融入水产养殖业，引领其迈向智能化发展的崭新时代。在养殖场景中，布置高精度水质监测设备与智能养殖系统，达成对养殖环境的全面实时监测。这些传感设备功能强大，不仅能精准测量水体 pH、溶解氧等关键指标，还能敏锐捕捉水温、浊度等细微变动，为养殖决策提供坚实的数据基础。与此同时，物联网系统整合了先进的数据采集和分析平台，持续记录、处理鱼类生长数据。借助对这些数据的深度剖析，养殖者能够掌握鱼类生长趋势、健康状况及饲料利用率等重要信息。基于此，我们可优化养殖方案，灵活调整投喂策略，及时防范和处理健康问题，在提高产量与品质的同时，有效管控养殖成本与风险。此外，物联网的远程控制功能，极大地提升了养殖管理的便捷性与效率，让养殖工作更加轻松高效。养殖者可通过移动终端实时查看养殖环境，远程操控投喂、增氧等设备，实现全天候智能化管理。这种自动化管理模式不仅大幅降低了人力投入，还提高了管理精度和响应速度，为水产养殖业的可持续发展提供了强有力的技术支撑。

(二)互联网技术在水产养殖中的推广难点

互联网技术为水产养殖带来了前所未有的机遇，但在实际推广过程中，也面临着一些显著的难点，这些难点主要体现在技术成本与投资回报的不对待及养殖户的技术接受度上。

1. 技术成本与投资回报的不对等

在水产养殖领域运用互联网技术，通常一开始就得投入大量资金。这其中，不仅有智能设备的采购费用，软件系统从开发到购买的花销，还得算上培训专业技术人员所需的费用。对于许多中小型养殖户来说，如此高昂的成本，无疑是沉重的经济负担。更为关键的是，由于技术投资与收益回报之间存在时间差，养殖户在短期内可能难以看到明显的经济效益，这进一步加剧了他们的经济压力。与此同时，技术的快速迭代使得养殖户必须持续投入资金以适应新的技术要求，这无疑加重了他们的经济压力。在这种情况下，如何在技术投入与经济效益之间找到平衡，确保养殖户能够真正从中获益，成为互联网技术推广过程中亟待解决的重要问题。

2. 养殖户技术接受度的差异与顾虑

养殖户作为技术的实际使用者，他们对新技术的接受程度，直接决定着互联网技术能否在水产养殖领域顺利推广。但由于养殖户在文化水平、年龄结构及长期秉持的传统养殖观念等方面存在差异，使得他们在接受新技术的意愿和能力上参差不齐。有些养殖户会因担忧新技术学习难度高、操作繁杂而有所顾虑；还有些养殖户，因为长期依赖传统养殖方式，对新技术产生了抵触心理。这种因个体差异引发的对新技术接受程度的问题，严重阻碍了互联网技术在水产养殖行业的推广进程。为了克服这一难点，我们需要采取针对性的措施，提高养殖户对互联网技术的认知度和接受度，增强他们应用新技术的信心和积极性。

综上所述，互联网技术在水产养殖中的推广面临着技术成本与投资回报的不对等及养殖户技术接受度的差异与顾虑等难点。为了有效推广互联网技术，我们需要综合考虑这些因素，制定切实可行的推广策略，以克服这些难点，推动水产养殖业的持续健康发展。

(三)互联网技术在水产养殖中的应用与推广策略

1. 强化养殖者与推广者的专业培训

在水产养殖领域，养殖者作为实践者，其技术水平和创新能力直接关系到养殖效益和水产品质量。因此，加强对养殖者的培训，提升他们的专业素养和技术应用能力，是推广互联网技术的重要前提。培训内容应涵盖互联网基础知识、智能养殖设备操作、数据分析与利用等方面，帮助养殖者掌握互联网技术在养殖管理、疾病防控、市场营销等方面的应用技能。同时，对于推广者而言，他们不仅是技术的传播者，更是技术的示范者和引导者。因此，对推广者的培训同样重要，我们需要注重提升其业务能力和推广技巧，使其能够灵活运用各种推广手段，结合养殖者的实际需求，精准有效地推广互联网技术。

为有效提升养殖户对互联网技术的接纳与应用意愿，我们需多管齐下。

其一，借助组织技术讲座，让专业人员深入浅出讲解互联网技术原理及操作要点；开展现场演示，直观展示技术在水产养殖中的实际运行效果；举办经验交流会，为养殖户搭建沟通平台，分享应用互联网技术的心得体会。通过这些活动，养殖户切实体会到互联网技术为养殖带来的便捷与效益，进而激发他们学习新技术的热情与积极性。

其二，引入成功案例与示范户，详细剖析成功运用互联网技术实现增产增收、优化管理的实例，邀请示范户分享实践过程中的宝贵经验，以及应用新技术后实际获得的收益。通过这些看得见、摸得着的成果，养殖户增强对新技术的信心，他们更愿意尝试应用。

其三，政府及相关机构应发挥积极作用，提供政策支持与资金扶持。例如设立专项基金，直接为养殖户应用互联网技术提供资金助力；实施贷款贴息政策，降低养殖户贷款成本，减轻其经济压力，以此降低养殖户应用互联网技术的门槛，有力推动互联网技术在水产养殖领域的广泛应用。

2. 构建完善的技术推广体系

技术推广体系的完善是互联网技术在水产养殖中深入应用的关键。政府应发挥主导作用，建立健全科技推广制度，明确推广目标、任务和职责分工，确保技术推广工作的有序进行。同时，要注重理论联系实际，结合水产养殖业的实际情况，制订切实可行的推广计划和方案。在推广过程中，我们要充分利用各种资源和渠道，如农业院校、科研机构、行业协会等，形成合力，共同推动互联网技术的普及和应用。此外，我们还应注重专业人才的系统培养和实践能力的提升，为水产养殖业的持续发展和技术创新提供坚实的人才支撑。

3. 加大政府扶持力度，推动技术创新

政府在促进互联网技术应用于水产养殖领域中具有不可或缺的作用。为推动该技术的广泛应用，政府需增加资金投入和政策扶持力度，同时为养殖户提供专业的技术指导和充足的资金保障。具体而言，政府可以设立专项基金，用于支持互联网技术在水产养殖中的研发、示范和推广工作；与此同时，制定诸如税收减免、贷款贴息这类优惠政策，能切实减轻养殖户应用技术的成本负担。除此之外，政府着重强调创新驱动至关重要。政府应当鼓励并全力支持科研机构与企业，不断强化自身的自主研发能力。通过政府的积极引导与有力扶持，我们能充分激发养殖户的积极性与创造力。养殖户看到政府的支持与技术发展前景，会更主动地去了解、学习并应用互联网技术，进而有力推动互联网技术在水产养殖领域实现更深入的应用及更广泛的推广。

参考文献

[1]梁龙. 农业产业生态评价[M]. 北京:中国农业大学出版社,2024.
[2]王光娟,刘彦昌,张红. 农业现代化和农业经济可持续发展研究[M]. 北京:中国商务出版社,2024.
[3]阮若卉,陈昭玖,刘彩云. 当代农业经济发展现状与模式研究[M]. 长春:吉林出版集团股份有限公司,2024.
[4]陶喆. 低碳农业经济发展模式与对策研究[M]. 长春:吉林大学出版社,2024.
[5]张学权,李龙,宋利学. 农业生态环境保护技术探析[M]. 北京:中国书籍出版社,2024.
[6]姜长云. 中国式农业农村现代化[M]. 北京:东方出版社,2024.
[7]刘恩胜. 新时期农业经济与管理实务研究[M]. 北京:线装书局,2024.
[8]卜刚. 新型农业经营体系[M]. 青岛:中国海洋大学出版社,2023.
[9]曾劲松,丁小刚,赵杰. 现代农业种植技术[M]. 长春:吉林科学技术出版社,2023.
[10]马彩凤,何爱珍,范建立. 现代农业种植与经济[M]. 长春:吉林科学技术出版社,2023.
[11]张国锋,陈晓,冯斌. 农业物联网 RFID 技术[M]. 北京:机械工业出版社,2023.
[12]于战平,刘兵,曲福玲. 区域农业发展经济学[M]. 天津:南开大学出版社,2023.
[13]姚光琴,谢久凤,向钦瀚. 新型智慧农业技术应用[M]. 长春:吉林科学技术出版社,2023.
[14]李绍立,杜玉平,韩少卿. 农业技术与农村财务管理[M]. 天津:天津科学技术出版社,2023.
[15]张伏,邱兆美,王俊. 农业机器人研究与应用技术[M]. 郑州:中原农民出版社,2023.
[16]闫文,唐磊,王旭鹏. 现代农业规划编制理论与实践[M]. 长春:吉林大学出版社,2023.
[17]朱静,刘要辰,肖颖. 农业发展与现代化技术应用研究[M]. 长春:吉林科学技术出版社,2023.
[18]张承宇. 互联网与中国农业农村现代化[M]. 南京:东南大学出版社,2023.
[19]祝坤艳,王莹,王震宇. 数字化农业经济管理研究[M]. 长春:吉林人民出版社,2023.
[20]谢瑾岚. 数字时代大国农业供给结构重塑[M]. 广州:中山大学出版社,2023.

[21]李柱.“互联网+”时代下农业经济发展研究[M].长春:吉林科学技术出版社,2023.
[22]李致远,吴岩,冯丽,等.农业无线传感器网络数据处理方法与应用概论[M].镇江:江苏大学出版社,2023.
[23]胡喜贵,姜超,孙君艳.现代农业概论[M].成都:电子科技大学出版社,2022.
[24]马丽婷.智慧农业科技支撑农业农村高质量发展[M].兰州:甘肃科学技术出版社,2022.
[25]蒋瑞斌.农业机械设备使用与维护[M].长春:吉林人民出版社,2022.
[26]刘健,周瑞岭,颜廷州.物联网+智慧农业[M].天津:天津科学技术出版社,2022.
[27]刘志华,颜晓峰.加快推进农业农村现代化[M].天津:天津大学出版社,2022.
[28]李白玉.现代农业生态化发展模式研究[M].咸阳:西北农林科技大学出版社,2022.
[29]张礼招,兰莉,刘冬梅.现代绿色农业综合实用技术[M].赤峰:内蒙古科学技术出版社,2022.
[30]周培.现代农业理论与实践[M].上海:上海交通大学出版社,2021.
[31]刘桂阳,王娜,李龙威,等.虚拟农业技术应用[M].哈尔滨:哈尔滨工程大学出版社,2021.
[32]赵春江.智能农业2020[M].北京:中国科学技术出版社,2021.
[33]范纯增.技术、制度与低碳农业发展[M].上海:上海财经大学出版社,2021.
[34]汪利章.有机农业种植技术研究[M].天津:天津科学技术出版社,2021.
[35]王云峰.农业区域专业化与产业组织创新[M].广州:广州出版社,2021.
[36]李国志.农业废弃物综合利用理论与实践[M].哈尔滨:东北林业大学出版社,2021.
[37]朱春霞,李奇,张剑中.现代农业技术推广与农学研究[M].长春:吉林科学技术出版社,2021.